现代果蔬花卉深加工与应用丛书

果蔬花卉速冻技术与应用

池明 编著

GUOSHU HUAHUI SUDONG
JISHU YU YINGYONG

U0194391

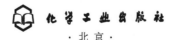

化学工业出版社
·北京·

内容简介

本书介绍了果蔬花卉速冻的基本理论、速冻设备、工艺流程以及实用技术，概述了果蔬花卉速冻和速冻设备，包括速冻果蔬花卉的分类、速冻装置的分类，以及近年来国内外速冻产品的发展和预测；着重介绍了果蔬花卉速冻的工艺，包含温度对微生物生长和繁殖的影响、果蔬冻结和冻藏的变化、果蔬加工各个环节对营养含量的影响、果蔬花卉的速冻加工工艺，以及速冻的食品安全管理体系；列举了多项果蔬花卉加工实例；最后，详细阐述了速冻果蔬花卉的贮藏、运输及货架保存。

本书可供从事食品科学与工程、采后贮藏与加工、冷冻冷藏技术等相关企业的技术人员，高等及大中专院校相关专业师生，以及从事速冻行业的爱好者阅读。

图书在版编目（CIP）数据

果蔬花卉速冻技术与应用 / 池明编著. -- 北京：
化学工业出版社，2025.3. --（现代果蔬花卉深加工与
应用丛书）. -- ISBN 978-7-122-47292-2

Ⅰ. TS255.3

中国国家版本馆 CIP 数据核字第 2025ME3153 号

责任编辑：张　艳　　　文字编辑：林　丹　白华霞
责任校对：李露洁　　　装帧设计：王晓宇

出版发行：化学工业出版社
　　　　　（北京市东城区青年湖南街 13 号　邮政编码 100011）
印　　装：涿州市殷润文化传播有限公司
710mm×1000mm　1/16　印张 10¾　字数 164 千字
2025 年 3 月北京第 1 版第 1 次印刷

购书咨询：010-64518888　　　售后服务：010-64518899
网　　址：http://www.cip.com.cn
凡购买本书，如有缺损质量问题，本社销售中心负责调换。

定　　价：78.00 元　　　　　　　版权所有　违者必究

"现代果蔬花卉深加工与应用丛书"
编委会

前 言 FOREWORD

速冻食品，这一源自 20 世纪 30 年代西方的食品工业创新，自诞生之初便以其独特的保鲜方式和便捷的食用体验，迅速在全球范围内得到推广和应用。在第二次世界大战期间，速冻食品因战争需求而迅速发展，并逐渐成为现代食品工业的重要组成部分。中国速冻食品的发展历程，虽然起步较晚，但同样经历了从引进、发展到壮大的过程。

20 世纪 60 年代末，中国开始涉足速冻食品领域，当时主要以出口为导向，速冻装置大多依赖国外引进。随着东北、华北、西北地区居民冬季食用新鲜蔬菜需求的日益增长，国内速冻食品工业开始利用国产设备生产各类速冻蔬菜，不仅解决了居民的饮食问题，还因产品质量上乘而迅速赢得了市场认可。然而，随着"菜篮子工程"的实施，新鲜果蔬供应逐渐充足，速冻果蔬在国内市场的销量受到了一定冲击。但与此同时，速冻蔬菜的出口潜力却日益凸显，成为中国食品工业的一大亮点。

近年来，随着人们生活节奏的加快和健康意识的提升，营养平衡、方便、快捷的速冻果蔬和花卉产品备受推崇。这些产品不仅保留了新鲜果蔬的营养成分和口感，还通过速冻技术延长了保质期，满足了现代人对便捷生活的追求。因此，速冻果蔬和花卉在市场中所占的份额逐年攀升，相应的速冻技术也在不断更新和完善。中国速冻食品行业的发展虽然起步较晚，但近年来却取得了长足的进步。从引进国外先进设备和技术，到自主研发和创新，中国速冻食品行业已经形成了较为完整的产业链和市场规模。加强速冻技术的研究和应用，提高产品质量和市场竞争力，成为中国速冻食品行业未来发展的关键。

在速冻食品行业蓬勃发展的背景下，普及速冻相关知识和技术应用显得尤为重要。为了迎合市场需求，提高从业人员的专业素养和技能水平，特编写了《果蔬花卉速冻技术与应用》一书，旨在通过系统介绍果蔬花卉速冻的基本理论、设备、工艺流程及实用技术，为从事果蔬花卉速冻技术的专业技术人员提供全面而实用的参考和指导。

　　本书为"现代果蔬花卉深加工与应用丛书"的一个分册。本书概述了果蔬花卉速冻的工艺概述和速冻设备，包括速冻果蔬花卉的分类、速冻装置的分类，以及近年来国内外速冻产品的发展和预测；着重介绍了果蔬花卉速冻的工艺，包含温度对微生物生长和繁殖的影响、果蔬冻结和冻藏的变化、果蔬加工各个环节对营养含量的影响、果蔬花卉的速冻加工工艺，以及速冻的食品安全管理体系；列举多项果蔬花卉加工实例；最后，详细阐述了速冻果蔬花卉的贮藏、运输及货架保存。期望本书的编写能在推动中国速冻食品行业的技术创新和产业升级、为从业人员提供实用的技术指导和支持，以及促进整个行业的健康发展等方面作出贡献。

　　在本书的编写过程中，天津农学院的领导和老师们给予了很多的支持和帮助，在此表示衷心的感谢。由于编者学识和水平所限，书中难免存在不足之处，还望读者能予以指正。

池明

2024 年 10 月

目 录 CONTENTS

03 **第三章**
果蔬花卉速冻加工实例　　**/ 078**

第一章　果蔬花卉速冻技术与应用基础

01 Chapter

第一节　概述

一、速冻食品简介

速冻食品是指采用新鲜原料，经过适当的前处理，在−25℃以下和极短的时间内急速冷冻，经过包装，在−18℃以下的连续低温条件下送抵消费者的低温食品。速冻食品完全以低温来保持食品原来的品质，不需要借助任何防腐剂或其他添加物，所以速冻食品具有味美、新鲜、方便、快捷、健康、卫生等特征。

20世纪30年代，西方国家开始研究冷冻蔬菜，冷冻蔬菜随着第二次世界大战的战时需求暴增而迅速发展，开始在现代食品工业中占有重要位置。我国最早的速冻食品产业于20世纪70年代初开始发展，当时主要是以出口为主，速冻装置则由国外引进。随后为了解决东北、华北、西北地区居民冬季食用新鲜蔬菜的问题，国内速冻食品工业开始利用国产设备生产各类速冻蔬菜。

根据国内外一些资料介绍，加工速冻蔬菜中质量较好的是豆类，如青刀豆、豌豆、菜豆、毛豆、蚕豆等。果菜类的质量还不能令人满意，因其冻结后肉质发软，皮肉分离，口感不佳。加工速冻蔬菜的技术关键是低温速冻。

一般而言温度越低，冻结越快，产品质量越好。应用氟利昂、液氨、液氮、液态二氧化碳、液态一氧化二氮等作为制冷剂。冷冻加工的方法则有隧道鼓风、间接接触冷冻、喷淋冷冻、浸渍冷冻、流化冷冻等。

我国商业冷库多为氨系统，在加工工艺和冷冻技术方面采取了若干措施，以提高产品质量。试验品种有：黄瓜、大青椒、番茄、茄子、西葫芦、菜花、芹菜、菠菜、韭菜、豆角、蒜薹、胡萝卜、土豆、小青椒、鲜蘑菇等，还有少量的西瓜、香瓜和沙果。

中国发展速冻蔬菜有许多优势且出口的潜力巨大。国内速冻蔬菜产地主要集中在山东、福建、浙江、广东和江苏等东南沿海地区，其产量在全国速冻蔬菜总产量所占的比例高达86％。主要原因是这些地区气候温和、雨量充足，一年四季都有产出。世界范围内原有的速冻蔬菜国家和地区由于劳动力价格不断上升，成本加大，导致出口量正逐渐减少。

1. 速冻食品的加工流程

速冻是以食品中水分快速结晶为基础，迅速降低食品温度的加工技术。速冻的要求是在30min内通过最大冰晶生成带（-1～-5℃），使食品迅速降低到-18℃（国际冷冻协会标准）。食品在这样的冻结条件下，细胞间隙中的游离水和细胞内的游离水及结合水，能同时冻结成无数微小的冰晶体，冰晶的分布同天然食品中液态水的分布极为相近，这样就不会损伤细胞组织。当食品解冻时，冰晶融化的水分能迅速被细胞所吸收，而不导致汁液流失。

速冻果蔬能最大限度地保持天然果蔬原有的状态、色泽、风味和营养成分，从而深受消费者欢迎。加上冷藏链（产地预冷→厂家速冻→冷库冷藏→冷藏车、船运输→冷柜销售→冰箱冷藏）的形成和完善，速冻果蔬成为国际食品工业的新潮，风靡全球，迅猛发展。截至目前，笔者综合国内外速冻果蔬花卉制作工艺总结出了一套完善成熟的加工方法，虽然某些品种的蔬菜在工艺技术方面有些差别，但是加工流程大体相同，加工过程主要分为如下几个步骤：

（1）原料选择　原料应选择新鲜幼嫩、香气浓郁、质地坚脆、成熟度符合食用要求的果蔬花卉。不得日晒、雨淋，尽快加工速冻。

（2）挑选清洗　原料经过挑选，剔除有病虫害的、腐烂的、粗老的、枯黄的、萎蔫的等不适合加工的原料。挑选后投入冷水中清洗三遍，除去泥沙杂质。考虑到消费者购买速冻果蔬花卉后,烹饪过程中将不再清洗,所以必须洗净。

(3)切分 切去根须及不能食用部位,再依照品种和烹调习惯切成条、段、片、块、丁、丝。浆果类不宜切分。

(4)浸泡 某些果蔬花卉冷冻后烹调,质地疲软,失去脆性,口感不佳。为了保持果蔬花卉原有的脆嫩,需加入一定的钙盐,浸泡若干分钟,起保脆作用。

(5)烫漂 速冻之前一般要经过烫漂。应根据品种不同,决定是否烫漂。烫漂水温一般80~100℃,时间长短因品种而异,有的几十秒钟,有的几分钟。烫漂后的果蔬花卉立即投入冷水中,或用冷水喷淋降温。

(6)沥干 不论烫漂与否,都须沥干(或甩干),以免果蔬花卉表面含水分过多被冻结成坨。

(7)装盘 沥干后装盘,厚度因果蔬花卉品种、冻结温度和冻结时间而定。

(8)冷冻 冻结时间由于品种不同、块形大小、堆放厚度、入库温度和冻结温度等因素而有很大差异,快的十几分钟,慢的一两小时。

(9)包装 冻结后移入冷藏库内包装,用无毒塑料薄膜作包装材料,每袋0.25kg或0.5kg,如供应饭店、食堂,每袋可装2.5kg、5kg。外包装用纸板箱,每箱净重10~20kg。

(10)冷藏 在冷藏库内,产品温度需与库温相等以保持成品质量。贮藏温度低,蔬菜组织内的化学变化小,产品质量好。库温要求稳定,防止忽高忽低,以免导致冷冻物的冰晶融化和再结晶,使晶体增大而破坏细胞结构。若因保管不当,出现再结晶现象,速冻食品就失去了速冻的优越性。速冻果蔬花卉可以冷藏一年以上。

2. 速冻食品的特点

(1)卫生 经过低温速冻处理,不仅可以对微生物的活动进行有效的抑制,确保食品的安全性,而且能够在很大程度上保持食品原有的色泽和风味,使营养成分不易流失。速冻食品在加工过程中的每道工序,对于卫生条件都有严格的要求,所以,通常来说速冻食品基本都符合食用卫生标准。

(2)食用方便 速冻食品的产生,可以满足人们食用非应季、非本地区食品的需求。速冻食品均是成品或半成品。因此，食用时仅通过解冻和简单加工就可以烹调，节省了做饭的时间，可使人们从繁重的家务劳动中解脱出来。对于忙碌的广大上班族来说，速冻食品正好迎合了其快节奏生活的特点。

（3）营养新鲜　根据不同消费者对营养的需求，在进行速冻调理食品配料的时候，可以对食物的结构加以改进，对脂肪、盐、热量、胆固醇的含量进行适当的控制。通过低温快速冻结的方式，果蔬细胞内外可快速达到冰结晶温度，形成许多针状结晶冰，针状结晶冰非常细小。通常慢速冻结会导致冻结膨胀、机械损伤、脱水损害等问题的出现，采用快速冻结，就可以很好地解决这个问题。速冻食品解冻后，之前形成的极小的冰结晶可以变成水，使细胞组织恢复冻结之前的状态，因此速冻食品的可逆性非常强，没有破坏食品的细胞组织，可防止食品营养的流失。

（4）冻藏期长　在 $-18℃$ 以下，食品内的微生物停止生长和繁殖，酶的活性受抑制，因此其催化作用几乎可以忽略不计，没有了酶的催化作用，食品的生物化学反应也降低到非常慢的速率，甚至基本停止。通常经过速冻方式冷藏的蔬菜在 $-18℃$ 低温库中可以保存 12～18 个月，实现了长期贮藏保鲜的目的，其保鲜的程度和时间是其他蔬菜保鲜方法遥不可及的。

3. 速冻食品存在的主要问题

（1）生产过程中的问题　速冻食品的一般生产过程：把食品放在温度 $-30～-40℃$ 的装置中，快速通过最大的冰晶生成带，通常在 30min 之内就可以让食品的中心温度从 $-1℃$ 降到 $-5℃$，并且形成直径 $<100\mu m$ 的冰晶。一些大型的企业资金比较雄厚，有能力采用专业的高科技生产线来进行速冻生产，因此大型企业生产的产品质量过关。目前，很多小企业和手工作坊也投入到速冻产品的生产中，然而因为规模小、资金薄弱或者由于过分追求利润，使用普通冰柜进行生产，在冻结的速度和温度上无法满足速冻食品的要求，并不具备合格生产的条件。因此，由这些企业或作坊加工出来的食品产生的冰晶数量少、体积大、分布不均，营养价值大大降低，不能达到卫生要求，一旦流入市场，将给人们的健康带来威胁。

（2）贮存、运输、销售过程中的问题　速冻食品生产出来后到食用前的每一个环节都要对其温度进行控制，需要全流程保持在 $-18℃$ 以下，温度波动不得超过 2℃。所谓的"冷链"运转，就是保证食品在贮存、运输、销售的过程中，温度都必须达到《食品安全国家标准　速冻面米与调制食品》（GB 19295—2021）中规定的标准，否则速冻食品的质量就无法保证。只有严格控制每一个环节的温度，才能保证食品中水分的流失降到最低，微生物的繁殖受到抑制，生物酶活性降低。只有这样，才能使食品的营养不流失，保持其原有的风味。然而为了销售的方便，很多超市的速冻食品采用开柜经营，冷藏柜也不配备温度显示器，不能够实时对温度进行监测，没能销售完的食品仍然保存在开放式冷藏柜，不送入冷库保存，导致食品温度不能保持在−18℃以下，缩短了保质期并且容易变质。此外，在运输过程中不使用专用的冷藏车，导致食品解冻产生粘连，产品的外观和质量得不到保障。

（3）散装散卖过程中的"二次污染"问题　现在很多速冻食品都是采用散装散卖的方式进行销售的，虽然便于消费者挑选，然而却存在着很多弊端，即所谓"二次污染"问题。散卖的速冻食品不能确保其温度保持在−18℃以下，温度变化幅度较大，可导致水分蒸发、油脂酸败、微生物繁殖。此外，有些超市没有专门放置售货工具的位置，消费者使用后随手扔在食品上可造成食品的污染；还有一些消费者根本就不使用售货工具，也可导致食品的"二次污染"。

（4）速冻食品的标签标识问题　散卖速冻食品一般只在价格牌上标注商品的品名、价格和产地，对其生产日期和保质期却不进行标注，在向冷藏柜中添加食品时，也是随时到货随时添加，这样不同生产日期的产品就混在了一起，无法辨别哪些产品已经到了保质期，更有甚者，有些商家直接把过期的袋装产品拆除包装袋后，作为散装食品进行销售，直接损害消费者的权益，危及消费者的健康。

4. 控制措施

（1）政府监督　食品监督检验部门要从源头抓起，对生产厂家的生产设备、生产工艺、环境条件、人员健康状况以及产品质量等进行严格的监督检验，从根本上杜绝劣质食品进入市场。

（2）进货途径　商家在对供货商进行选择时，要选择正规的、生产质量有保障的供货商，严格执行食品市场准入制度和合格证制度，严把食品的验收关，对产品的包装和外观都要进行仔细检查，查验产品的标签标识，不合格产品不允许进入商场。

（3）运输过程 用于运输的车辆，应该具有温度显示功能，冷藏条件良好，温度必须保持在－18℃以下，且不能忽视温度波动问题。运输过程中，需防止速冻食品接触到有毒、有害物质，防止受到日晒、雨淋，装卸时也要注意避免造成包装的损坏。

（4）贮存环境 速冻食品要贮存在－18℃以下的冷库中，库内环境要卫生、整洁，米面制品不得和海产品等混放。

（5）销售条件 销售场所的冷藏设备必须运行良好，达到要求的冷藏条件。用于显示实时温度的温度计必须定期进行检定。散装速冻食品不可以直接暴露在空气中，应该采用食品专用的防尘材料进行遮盖，并且设立标志或者警示语，提醒消费者不要用手触摸散装食品。配备专用销售工具，设立专门存放工具的位置。对于商品的分拣和包装，应有专人负责。作为消费者，在购物时可最后选购速冻食品，以防食品离开冷柜过久，导致温度上升，在对食品进行贮存或食用时也应该参照说明书的要求进行操作。

二、速冻果蔬花卉和速冻装置的分类

1. 速冻果蔬的分类

速冻果蔬的品种很多，归纳起来大致可分为速冻果蔬类和速冻花卉类。

速冻果蔬类：青豆、荷兰豆、蚕豆、胡萝卜、草莓、龙眼、荔枝、荸荠、桃、杏、白果、板栗、芦笋、香蕉等。

速冻花卉类：郁金香、水仙、风信子、百合、迎春花、金盏菊、向日葵、麦秆菊等。

2. 速冻装置的分类

食品速冻工艺的总趋势是低温快速冻结，冻品的形式也从大块盘状冻结向单体快速冻结发展。目前我国的速冻装置大致可分为强烈吹风连续式速冻装置、隧道式冻结装置、接触式冻结装置、直接冻结装置。

（1）强烈吹风连续式速冻装置 强烈通风速冻装置采用翅片管蒸发器，送风机采用压头较高的离心风机或轴流风机，冷媒用氨泵强制循环，所以具有传热效率高、占地面积小等特点。设备开始运转后，空气通过被冻物的速度为3～6m/s，室温为－30～－40℃，因此其速冻速度比管架式速冻速度快2～4倍，被冻物可以采用间断进出或连续进出，生产能力较大。

（2）隧道式冻结装置　隧道式冻结装置内设空气冷却器和送风机，被冻物品装载于小车上，通过隧道时，吹入冷风使其速冻。隧道式冻结装置，由于不受速冻物品形状限制，速冻物品于吊轨上传送，劳动强度较小，其特点是风量大、冻结速度快。

（3）接触式冻结装置　接触式速冻装置又称平板速冻装置，其工作程序是把果蔬花卉放在各层平板间，由于空心平板中冷媒蒸发，直接接触被冻物品，所以传热系数大，速冻时间短，而且可在常温间运行。这种装置可用氟利昂、盐水等作为冷媒，但缺点是结构复杂，不能进行连续性生产，对速冻果蔬花卉的厚度也有一定限制。

（4）直接冻结装置　该方法要求果蔬花卉（包装或不包装）与冷冻液直接接触，以迅速降温冻结。直接接触冻结法由于要求果蔬花卉与冷冻液直接接触，所以对冷冻液有一定的限制，特别是与未包装的果蔬花卉接触时更是如此。这些限制包括无毒、纯净、无异味气体、无外来色泽和漂白剂、不易燃、不易爆等。另外，冷冻液与果蔬花卉接触后，不应改变果蔬花卉的原有成分和性质。

三、国外速冻食品的发展现状及预测

速冻食品起源于美国，始于 1928 年，由于人们对速冻食品缺乏必要的认识，当时速冻食品没有赢得更多的消费者，生产发展十分缓慢。直到第二次世界大战后，速冻食品才迅速发展起来。1948～1953 年美国系统地研究了速冻食品，提出了著名的 TTT（time-temperature-tolerance）概念，并制定了《冷冻食品制造法规》。自此速冻食品实现了工业化规范生产，深受消费者青睐。特别是果蔬单体快速冻结技术的开发，开创了速冻食品的新纪元，很快风靡世界。

截至目前，美国仍是世界上速冻食品产量最大、花色品种最多、人均消费量最高的国家。速冻食品从早餐、中餐、晚餐到各式点心、汤料、甜食，还有低盐、低糖、低脂肪速冻食品等应有尽有。欧洲市场也是世界速冻食品消费的主要市场，目前速冻食品年消费量远远超过 1000 万吨，人均年占有量近 30 公斤。日本是亚洲速冻食品消费的第一大市场，也是世界上速冻食品的第三大消费市场，年消费量在 300 万吨左右，人均占有量接近 20 公斤，其中煎炸食品和调理食品发展迅速，占全日本速冻食品总量的75%。日本速冻食品有其地域特色，花色品种多达3100种。在日本热销的速冻食品中有"中国风味""意大利风味""旧金山风味"等多种口味，并且日本的速冻食品很多是由中国传统的食品加以工业化演变而成的。

速冻食品是食品业的重要组成部分，全球速冻食品主要分布在欧洲和亚太地区，全球速冻食品市场份额欧洲为46.10%，亚太地区25.40%，美国22.10%，其他地区6.40%。随着单体速冻技术的发展，各色速冻蔬菜已快速进入大众消费市场。近年来有些著名速冻蔬菜加工厂又推出增值产品，即各种煮熟的混合蔬菜，如豌豆、胡萝卜丁和甜玉米混合料，有的还加上调料，使食用更方便、更省时。有的加工厂还引进外来蔬菜，如竹笋丁，红、黄、紫色甜椒，嫩玉米，以及蘑菇等，制成色彩鲜艳的各种混合蔬菜，以提高产品营养和特色。速冻混合蔬菜不仅在美国受到消费者的喜爱，在其他许多国家也受到欢迎。

自20世纪60年代以来，食品工业制冷技术有了突破性发展，一系列连续速冻食品设备的研制成功并批量生产宣告了速冻食品时代的到来，近三十年来国外已逐步淘汰了慢冻的冷库，而采用了一系列新型的连续快速冻结装置，如流化床螺旋带式速冻装置、平板式速冻装置、隧道式速冻装置、浸渍式速冻装置、不冻液喷淋速冻装置、液态氟里昂速冻装置、深冷液化气体速冻装置等，使食品的冻结时间由原来的几十小时，缩短到几十分钟，甚至几分钟。由于冻结速度快，食品冰晶颗粒细小，因而大大提高了冷冻食品的质量。

四、我国速冻食品的发展和预测

1. 我国速冻食品的发展历程

中国的速冻食品开始于20世纪70年代初期。1973年，北京、上海、青岛相关企业同时从日本引进螺旋式速冻装置，后来又研制了液态氮速冻隧道。但近30年中的前10～15年发展缓慢，其主要原因是：

（1）消费者的经济条件还不允许去购买比家庭自制昂贵得多的食品。

（2）从生产到家庭无法做到全流程冷链。1988年后，随着改革开放的深化，消费者经济条件的改善，速冻食品才开始真正萌芽。说"真正萌芽"，是因为"市场"在促使它发育。在北京、上海等地随着粮食价格的放开，首先在粮食系统开始生产冻饺子、冻包子等制品。之所以先在粮食系统得到发展，是因为当时只有该部门才有可能获得原料。粮票取消后，速冻食品在其他系统也就雨后春笋般地发展了起来。上海到1989年底，只有9家企业生产速冻食品，年生产能力为4000吨，但实际只生产了1000吨，其中约三分之二用于出口，市销380吨。到1991年上海速冻食品厂发展到17家，年产量达5000吨，其中出口1500吨，市销3500吨。年人均消费量从1985年的0.05公斤，一下子达到0.5公斤，两年增加了10倍。

截至2020年，我国冷冻蔬菜进出口量分别为3.4万吨、112.22万吨；进出口额分别为3671.6美元、115061.6万美元。从地区分布来看，我国冷冻蔬菜主要出口至新西兰、美国。我国冷冻蔬菜出口最多的为山东省，其出口额遥遥领先于其他省市稳居全国首位，达70069.6万美元；其次为浙江省，其出口额达12313.9万美元。

2. 我国发展速冻果蔬花卉的优势

（1）我国先后从瑞典、美国、英国、日本、波兰、芬兰、法国、丹麦等国家，引进了先进的速冻装置，适应了生产发展的需要。在引进设备的同时，引进了技术，引进了管理，建立了中外合资企业，从而提高了我国速冻果蔬花卉生产水平。

（2）冷藏冷链基础比较好。现在全国低温冷库的容量约为5224万吨。全国有6580辆火车冷藏车，其运量占全国运量的60%左右；5万余辆冷藏车，冷藏车年生产能力1.5万余辆，我国公路冷藏运输占整体运量的20%。整个环节中的商店冷柜和家庭冰箱的普及率均保持高位发展。

（3）国内果蔬花卉资源丰富。中国是世界上最庞大的蔬菜起源地和种植中心，年产量1亿多吨，居世界首位。我国地处亚热带和温带，气候温和，雨水充沛，果蔬花卉可以常年种植。中国种植果蔬花卉的历史悠久，在长期的生产劳动中培育了许多优良品种，积累了丰富的栽培经验，加上改革开放，引进国外良种，果蔬花卉资源就更加丰富了。

（4）成本低。果蔬花卉生产不同于谷物生产，很难实施大规模机械作业，主要靠手工操作。近年来日本等地方的农工费用日渐昂贵，日本工人的工资差不多是我国的40倍。因此，我国在成本、价格等方面都有竞争性。

3. 我国速冻食品发展中的问题

目前，我国速冻食品的发展形势喜人，但与发达国家相比，我国速冻食品无论是数量还是品种远不能满足市场的需要，其加工工艺技术与国外还存在一些差距。

（1）产品质量有待提高　经过近年来快速发展，我国的速冻食品花式、质量和品种都有很大的发展。以速冻米面制品为例，有多款式水饺、多种咸甜汤圆、名目繁多的粽子、炒饭等。根据不完全统计，目前我国速冻食品有600多个品种，部分产品质量已经达国际先进水平。除满足国内市场外，部分产品远销美国、欧洲等世界各地。但国内速冻食品生产规模较大的企业较少，上规模的生产厂家有三全、思念、龙凤、科迪、湾仔码头等，分布在华北、中原、华南等地，全国性品牌较少，行业集中度低。

市场上销售的相当数量的速冻食品并非真正的速冻食品，而是不符合生产规范的慢冻食品。经销商用于贮藏速冻食品的冷藏柜制冷达不到要求，而有的企业则在普通的冷库或厨房的冰箱中冻结，使产品因中心温度高，经常出现发酸、异味、变形等变质情况。更有不少厂家根本不清楚速冻的概念，认为只要是冻结的就是速冻的，因而无法保证冻品的品质。中小厂家则因缺少专用的生产设备，加上生产过程缺乏良好的管理和严格的检测监控，使得销售的产品卫生情况参差不齐，不容乐观。

（2）品种结构单一，市场相对狭窄　目前，据统计，美国速冻食品近3000种，从早餐、中餐、晚餐到各式点心、汤料、甜食，还有低盐、低糖、低脂肪等速冻食品，应有尽有。日本的速冻食品更多达3100多种，而我国速冻食品仅600多个品种，主要集中在饺子、包子、汤圆、馒头等品种上。速冻水产品及禽肉类产品中，只经初级加工的大块冻肉、冻鸡和冻鱼还占着较大的比例，无法满足消费者节省时间、便于烹制的要求。虽然近些年来一些传统风味小吃、美食佳肴也已加入到速冻食品的行列，如京味的窝窝头、烧卖，上海的春卷、虾饺，天津的狗不理包子，台湾的银丝卷和蛋黄包等，但还没有形成具有中国特色的主流食品体系。

4. 我国速冻食品行业发展应采取对策

（1）规范生产工艺，实施严格的质量管理　由于速冻食品大多使用了新鲜肉类、蔬菜、水产等原料，目前手工操作生产的为多，这些因素使速冻食品的安全卫生不易控制，故速冻食品生产均必须建立优良的生产工艺规程，并应在生产实践中不断优化革新。国家应对其进行宏观调控和指导。同时，应尽快制定全面的质量控制标准，实行标准化、规模化管理，推行良好操作规范（GMP）以及危害分析与关键控制点（HACCP）。此外，国家要制定政策，建立健全管理体制。如在税收、信贷方面给予扶持，对生产设施、产品质量、卫生标准、营养成分做出统一管理指标。再如建立准产证制度，严格产品检验，使我国速冻食品步入符合国际标准的高标准发展轨道。

（2）加速对速冻食品机械设备的研发，加强企业技术改造　速冻食品工业是科技含量较高的产业，遇到的技术难题也较多。与传统食品行业相比，无论是理论研究还是实际应用，都存在很大差距和差异。要大力发展机械自动化生产线，但目前这些进口设备昂贵，国内这些设备还较为缺乏，所以要集中物力、财力加速速冻食品机械的研发工作。同时，应发展一批具有一定技术实力、设备先进、有规模化生产能力的企业，淘汰仍停留在手工生产等旧生产方式的企业，促进我国速冻食品总体品质的提高。

（3）加快速冻食品包装升级的步伐　产品包装在某种程度上反映了该产品的质量和发展阶段。美国用于速冻食品包装的纸盒内外表层都涂有一种可耐249℃高温的塑料膜，这种包装可在微波炉和烤箱中加热，其成本也较低。而我国的速冻食品从上市至今，其塑料包装几乎是十年一贯制，大多数厂家的包装设计没有特色，采用的材料也不是高科技材料，无法从包装角度提高消费者的认可度。

（4）积极发展绿色食品概念的速冻食品　随着社会的发展，人民生活水平的提高，人们对速冻食品的质量要求也越来越高。发展安全卫生、符合环保要求、品种繁多、质优价廉的绿色速冻食品是行业发展的大趋势，是可持续发展的要求。同时食品加工技术的提高也促进了绿色食品的发展，速冻食品工业的发展趋势是速冻食品的超低温冻结化。

（5）以市场为导向，积极开发富有中国特色的新产品　我国有丰富的食物资源，美味的中式菜肴被各国人民喜爱。发扬民族饮食文化优势，开发具有中国特色的速冻食品（如速冻中式菜肴、速冻风味小吃和面点等）可扩大出口创汇，使国外消费者能够享受正宗的中式美食。开发具有中国饮食文化特色的速冻食品，是我国速冻食品生产发展的重要方向之一。

（6）树立品牌观念，强化竞争意识，加快速冻食品行业向产业化、规模

化发展　速冻食品行业是新兴的产业，能否在市场竞争中赢得声誉，关系到企业的生存与发展。所以，企业必须树立品牌意识，不断适应广大消费者的需求。树立品牌意识也是创名牌的基础，品牌叫得响的产品才能成为真正的名牌，才具有强大的竞争力。

5. 我国速冻食品的发展展望

现阶段我国速冻食品产量不多，品种亦少，但未来潜力很大。我国幅员辽阔，资源丰富，肉类年产量 300 万吨，水产品 1200 万吨，蔬菜 1 亿多吨，均占世界第一位。同时，中国食品一向以选料高档、做工精细、擅长烹调、形美味佳著称于世，这将丰富我国速冻食品特别是调理食品的品种。因此，随着我国国民经济的持续发展和人均收入达到小康水平，速冻食品工业在我国将有不可限量的前程。

中国农业连年丰收，这为发展食品工业提供了充足的原料，世界不少食品专家预言，在 21 世纪，速冻食品将占到人类食品消费总量的 50% 以上，对中国来说，今后除了继续增加以面食为主的速冻食品以外，要大力发展速冻调理食品、速冻果汁饮料、速冻汤料以及各种蔬菜、肉禽、豆制品等深加工的分割小包装速冻食品。此外，针对儿童、妇女、老人等不同需要和特殊要求的速冻营养保健食品目前还没顾及，但其市场需求和开发前景是毋庸置疑的。中国地域辽阔，有 56 个民族，风俗民情都不相同，对食品的要求因地而异，因此充分挖掘地方食品特色，生产具有民族风味的速冻食品也大有可为。在我国传统食品不断推陈出新的同时，还要引进国外别具风味的新型速冻食品，以满足不同层次、不同爱好的人们的需要。专家普遍认为，微波炉专用的各种深加工速冻食品具有更加诱人的市场前景，而这种食品，目前在中国刚刚起步，发展空间极大。

美国速冻食品的 55% 由生产厂家直接销往团体单位，例如 Conagra 速冻食品公司有 750 多个品种，年销售额都在 15 亿美元以上，其中 75% 直销军方。中国的速冻食品若能在学校、企业、机关、部队等团体销售上打开缺口，其前景不可估量。

在中国速冻食品的另一条发展途径就是快餐行业。中国的快餐行业每年都以 20% 以上的速度向前发展。速冻食品是快餐行业最主要、最方便的原料。有的速冻食品可直接以成品或半成品的形式作为快餐供应市场。速冻食品的发展有力地支撑着快餐行业，同时快餐行业的发展又对速冻食品不断地提出新的要求，从而进一步促进了速冻食品行业向更高的水平发展。

速冻食品的国内市场前景灿烂，而在21世纪的国际市场上，中国的速冻食品也必将有自己的一席之地。中国速冻食品在国际市场上仅速冻蔬菜就已销往28个国家和地区。中国有丰富的食品原料，有悠久的饮食文化，中国的名菜、名点、名饮风味独特，脍炙人口，享誉全球。速冻行业公司可充分利用国内丰富的食品资源，切实把握国际市场的需要，依靠科技，走"工业化生产、连锁化经营、标准化管理、规范化服务"的现代化营销之路，使我国成为真正的速冻世界级工厂。

第二节　速冻方法与设备

一、速冻方法及特点

食品速冻方法和设备需随食品的形状、大小与性质的不同而不同。冻结过程中需要防止过大冰晶的形成，因此要求冻结时间必须短，同时还要求操作方便，可以实现机械化的连续生产。

一般常用的速冻方法有空气冻结法、接触冻结法、浸渍冻结法等。

1. 空气冻结法

空气冻结法即利用室内空气与物料的温度差，通过自然对流传热来冻结食品的方法。根据空气流动状态可将空气冻结法分为以下几类。

（1）静止空气冻结法　此法在冷却室上方设蒸发器，食品放置在其下方搁架上，利用室内空气温差（-20～-30℃）形成的自然对流来冻结食品，这是最早采用的速冻方法。因在静止空气中冷冻，表面传热系数小，冷冻缓慢，需12～72h，食品的失水非常显著；其优点是构造简单，无需特别操作，一次处理容量较大。目前仅用于体积较大以及特殊形式的产品。

（2）送风冻结法　送风冻结装置的冷冻室多为隧道结构，上部隔开设置蒸发器，食品置于其下方的可移动挂架上或运输带上，利用鼓风机送风，空气流经蒸发器进入下部的冷冻室形成循环流动，室内流动空气温度-30～-40℃。与静止空气冻结法相比较，在相同的温度下，冻结速度更快。

（3）半送风冻结法　此法在普通空气冻结室内增设送风机，利用送风机压送冷风通过冷却器加速冷却食品。风速一般为 $1.5\sim2.0\mathrm{m/s}$，同普通静止空气冻结法相比冻结时间可以减半。相对于送风冻结法，该法称为半送风冻结法。

2. 接触冻结法

此法通过食品与表面温度达 $-25\sim-40℃$ 的冷却板密切接触，完成食品的冻结。冷却板为中空结构，内部通以一次或二次冷媒。冻结速度非常快，冻结效果好，因冻结过程中食品与空气接触的机会少，可避免氧化效应，但要求食品平坦整齐。

3. 浸渍冻结法

此法亦称二次冷剂冻结法。将拟冻结的食品浸入低温冷媒（如盐水、糖浆、甘油等）中，或喷射冷却介质于食品表面，有时为加速冻结，辅以搅拌使冷媒流动，完成食品的冻结。这种方法冷媒与食品直接接触，因此效率非常高，但只适用于不受冷却介质影响的食品。近年来开始使用适当的耐水防湿性包装材料，可密封包装食品后再将其浸入冻结液中，过去认为不适用的氯化钙、甲醇等二次冷媒也可采用。

4. 其他冻结方法

除上述冻结方法外，其他常用的还有液态氮冻结法、送风及浸渍并用冻结法和送风连续式冻结法等。

二、速冻设备

发展速冻食品的关键之一是速冻设备。自 20 世纪 70 年代中期开始，我国先后开发研制了十多个品种、数十种规格的速冻设备，但目前我国自行研制生产的速冻机在主要技术性能指标、外观以及清洗的方便程度上还和国外存在一定的差距。我国的速冻设备在未来的研究中，要在大力引进国外先进技术，吸收消化的基础上，借助理论分析、实验研究、数值模拟等，研制出高效的预冷装置、快速冻结装置，以满足食品深加工及我国速冻食品快速发展的需求。

1. 隧道式连续速冻机

（1）隧道式连续单体速冻装置　其结构如图 1-1 所示。

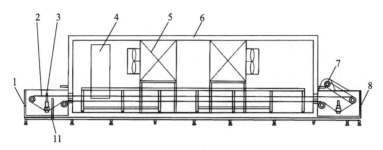

(a) 隧道式连续单体速冻装置正视图

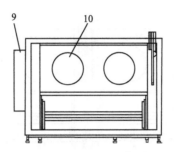

(b) 隧道式连续单体速冻装置侧视图

图 1-1 隧道式连续单体速冻装置结构示意图

1—进货栏；2—传送网带；3—张紧机构；4—库门；5—蒸发器；6—围护结构；

7—驱动装置；8—出货栏；9—电控箱；10—轴流风机；11—清洗装置

（2）隧道式连续双体速冻装置 其结构如图 1-2 所示。

（3）隧道式连续速冻装置的结构与特点 隧道式连续速冻装置主要由绝热隧道、蒸发器、液压传动、输送轨道、风机等五部分组成，如图 1-3 所示。

隧道式连续速冻机的特点介绍如下。

① 平面网带式速冻机：适于肉类、调理食品、水产、菜肴、冰淇淋等。为基本通用型速冻机。其产量在 100～2000kg/h。

② 多功能振动式网带速冻机：在通用型平面网带式单体速冻机基础上增设动态装置。除具有通用型平面网带式单体速冻机特点外，亦适用于颗粒状食品单体冻结。

③ 预冷速冻隧道：创造性将预冷、速冻合二为一，节省能源。尤适用于高温入货，熟食速降温食品等。

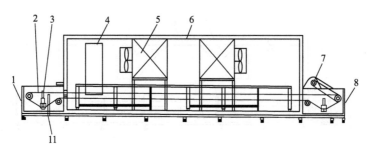

(a) 隧道式连续双体速冻装置正视图

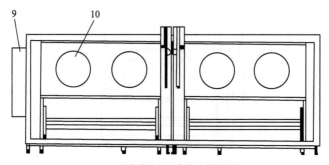

(b) 隧道式连续双体速冻装置侧视图

图 1-2　隧道式连续双体速冻装置结构示意图

1—进货栏；2—传送网带；3—张紧机构；4—库门；5—蒸发器；6—围护结构；7—驱动装置；

8—出货栏；9—电控箱；10—轴流风机；11—清洗装置

④ 多层网带速冻隧道：适用于占地面积小、冻结时间较长的产品。

⑤ 往复式速冻隧道：适用于占地面积小、冻结时间长以及再加工产品。

⑥ 板带速冻隧道：适用于水产品速冻。

速冻隧道主要由隧道体、蒸发器、风机、料架或不锈钢传动带等组成。被速冻的物料放在料架的各层筛盘中或网带上通过隧道，空气通过蒸发器降温，然后送入隧道中，流经于物料之间使其速冻。冻结物料的作业方法与隧道式逆流干燥设备相同；冷风与物料在隧道内的流动方向相反。速冻温度为−35℃时，青刀豆的冻结时间约为45min。第一、二级传动带的运行速度可以分别控制，冷风分别吹到网带上，穿过物料层，再经蒸发器与风机，循环使用。物料先通过第一级网带，运行较快，料层较薄，使表面冻结；然后转入第二级网带，运行较慢，料层较厚，使整个物料全部冻结，得到单粒速冻产品。这种速冻机的特点是可冻结产品的范围广，冷冻效率较高，清洗方便。

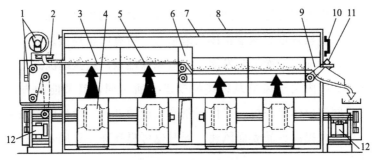

(a) 隧道式连续速冻装置正视图

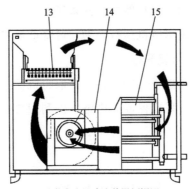

(b) 隧道式连续速冻装置侧视图

图 1-3　隧道式连续速冻装置工作原理及结构示意图

1—自动清洗和烘干输送带的装置；2—带不锈钢分配器的料斗；3—输送带的检查和控制门；

4—离心风机；5—成品；6—两段的转换点；7—蒸汽除霜管；8—绝热外壳；9—卸料端口；

10—冷冻控制窗口（可视）；11—减速箱；12—风机马达；13—表面有特殊不锈钢孔的输送带；

14—检查平台；15—不同间距带有平板翅片的螺旋镀锌管

速冻器用绝热材料包裹成一条绝热隧道，速冻温度为－35℃。其外形绝热结构墙壁及顶棚用聚苯乙烯泡沫塑料，地坪用软木，绝热层厚度约为300mm。单体速冻装置隧道内有一条轨道，每次同时进盘 1 只，又出盘 1 只；双体速冻装置隧道内有两条轨道，每次同时进盘 2 只，出盘 2 只。

隧道式连续速冻装置的特点是操作连续，节省冷量，设备紧凑，速冻隧道空间利用率较充分，但不能调节空气循环量。食品冻结速度和温差 ΔT 成正比。追求速冻机内低温是为了使食品快速结晶，而设定温度在－35℃，一方面考虑快速冻结，一方面考虑节省能源。因此食品入货温度越接近冰点，越可加速食品冻结。将结晶前食品的降温留给预冷段完成，可达到高品质速冻和节约能源的目的。此外，入货温度接近冰点还是食品降低干耗的关键。

避免速冻机的耗冷还在于避免围护结构保温板的拼接缝隙的耗冷。速冻机围护结构保温板采取聚氨酯整体发泡形式，所有库板连接拼缝均采用双面专用密封胶密封配以二次灌装发泡，可避免保温板的拼接缝隙跑冷。

各种速冻机内关于风量及风速的要求有所不同，其节能的方法也有区别。隧道式网带单体速冻机，在保证制冷风量的基础上设计格栅条形调节导流组件，可大大提高冻品表面风速，同时也可提高冻品着风表面积，提高风的循环率。

此外，具有对称可调风向功能的格栅条形调节导流组件，可控制冷风自进出货口的跑冷。降低风机电机运行功率，可降低风机、电机耗冷量（降低风压，提高风速），从而可提高效率。

为减少机械传动、输送带耗冷，在此采取将机械传动及传送带系统保持在低温下运行，进出料口采取保温的措施，以利用自速冻室萦绕出的冷气达到节约耗冷的目的。

2. 螺旋式速冻机

（1）单螺旋式速冻机　其结构如图 1-4 所示。

（2）双螺旋式速冻机　其结构如图 1-5 所示。

（3）螺旋式速冻机的结构及特点　螺旋式速冻机中输送系统的主体为螺旋塔，如图 1-6 所示。均布在传送链上的冻品随传送带做螺旋运动，同时由对流蒸发器送来的冷风穿过物料层、传送带对物料进行冻结，并循环使用。冻结完毕的物料从卸料口卸出。

在传统结构中，环形挠性传送链（带）由立式转筒依靠转筒与传送链侧面间的摩擦力进行驱动，沿螺旋线滑道做匀速螺旋线运动，螺旋升角约 2°，同时螺旋塔的直径大，传送带近于水平，缠绕的圈数由生产能力确定。传送链条有不锈钢丝网带和塑料链条等结构。为延长传送链的使用寿命，有些机型设置有传送链翻转装置，使传送链两侧轮换磨损。在进料口及卸料口处安装有风幕，可减少冷量损失。

传统的滑道结构复杂、清洗困难。为此，新近出现了自动堆砌螺旋结构，传送带本身带有支撑结构，在驱动其移动过程中传送链自动形成螺旋线及封闭的围护结构，并在固定位对传送链进行清洗，提高了清洗的便利性和可靠性，但传送链结构较为复杂。

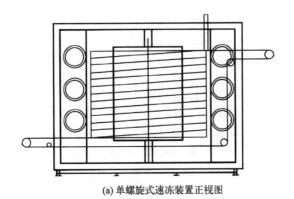

(a) 单螺旋式速冻装置正视图

(b) 单螺旋式速冻装置俯视图

图 1-4　单螺旋式速冻机结构示意图

1—进料装置；2—电控箱；3—轴流风机；4—蒸发器；5—库门；6—围护结构；7—转毂；

8—驱动装置；9—出料装置；10—张紧机构；11—传送网带；12—压力平衡装置

　　螺旋式速冻机一般采用双级压缩制冷系统，并采用单独制冷机组的直接膨胀（重力）供液。速冻器配备台座式冷风机一台。冷风机的蒸发器采用钢管铝翅片，冻结时间的可调范围为 40～80min。

　　螺旋式速冻机是一种高效、节能的速冻装置，其具有占地面积小、结构紧凑、库容量大等优点，产量在 300～6000kg/h。螺旋式速冻设备物料的输送带呈螺旋的管状，螺旋直径大致为 2m，螺旋层数可达 20 层，可有效冻结食品物料。螺旋输送带式速冻机结构紧凑，适用于大部分食品加工企业。

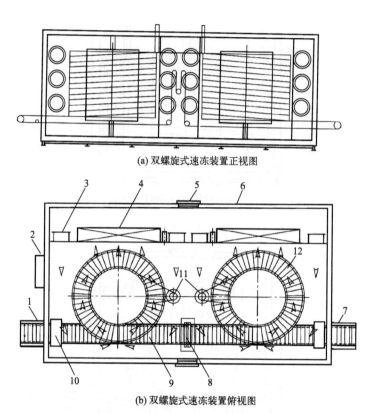

(a) 双螺旋式速冻装置正视图

(b) 双螺旋式速冻装置俯视图

图 1-5 双螺旋式速冻机结构示意图

1—进料装置；2—电控箱；3—轴流风机；4—蒸发器；5—库门；6—围护结构；7—出料装置；

8—张紧机构；9—传送网带；10—压力平衡装置；11—驱动装置；12—转毂

图 1-6 螺旋式速冻机

螺旋式速冻器的特点是：生产连续化，结构紧凑，占地面积小，速冻产品在移动中受风均匀，冻结速度快，效率高，干耗小；但不锈钢材料消耗大，投资大。适用于处理体积小而数量多的食品，如饺子、烧卖、对虾、肉丸、贝类、水果、蔬菜、肉片、鱼片、冰淇淋和点心等多种食品加工。

3. 平板式速冻机

平板式冻结装置的主要构件是一组作为蒸发器的空心平板，平板与制冷剂管道接通，被冻的食品压在两相邻的平板间。由于食品与平板间接触密实，故其传热系数高。要求接触压力为 $7 \sim 30$ kPa，传热系数可达 $93 \sim 120$ W/($m^2 \cdot$ K)。外壳的骨架是由角铁或槽钢组成的，外壳用绝热材料包裹。蒸发板共有 11 块，为了减轻重量，蒸发板用钼制成，蒸发板夹层中装有蒸发盘管，板管间隙也可灌入盐水。根据平板的工作位置，平板式速冻机可分为卧式、立式两类。

平板式冻结装置适于冻结肉类、水产品以及耐压的小包装食品，其特点是：对厚度小于 50mm 的食品，冻结快、干耗小，冻品质量高；在相同的冻结温度下，它的蒸发温度可比冷风机式冻结装置的蒸发温度提高 $5 \sim 8$℃，而且不用配风机，故电耗可减少 $30\% \sim 50\%$；可在常温条件下操作；占地面积少，投产快。其缺点是不能冻结大块食品和不耐压的食品，应用范围有一定的限制；间歇操作，操作周期长，包括产品装料和卸料时间，冷损耗大，生产能力比较小。因此，往往要采用多个速冻器，并增加操作人员。人工劳动繁重，包括原料预处理、包装、装料和卸料。食品与蒸发板接触处，如接触不良，则热阻增大，使速冻器的生产能力急剧下降。

（1）卧式平板式速冻机　卧式平板式速冻机如图 1-7 所示。卧式平板式冻结装置的冻结平板是水平安装的，一般有 $6 \sim 16$ 块平板。平板之间的间距由液压装置调节。被冻食品装盘放入二相邻平板之间以后，启动液压油缸，使被冻食品与冻结平板紧密接触进行冻结。为了防止压坏食品，二相邻平板间均装有限位块。

卧式平板冻结装置的制冷系统为满液式供液系统。气液分离器安装在装置的顶部，气液分离器的上部接回气系统管，下部与蒸发平板组的供液集管和回气集管相连，集管与各平板之间用软管连接，以便平板上下移动。软管用耐低温的丁基橡胶作衬里，并加入 $2 \sim 3$ 层尼龙或涤纶编织物作芯，外包金属丝保护套。也可用活接头组成可拆连接管。无论是采用软管或者用接头

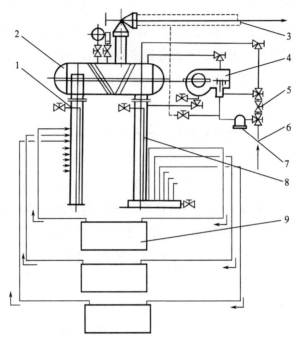

图 1-7　卧式平板式速冻机

1—集气管；2—分液器；3—出气管；4—浮球阀；5—手动膨胀阀；6—入液口；

7—过滤器；8—侧集液管；9—平板

组成的可拆连接管，在集管和平板间都应装有阀门，以便软管或连接管的检修和更换。另外，设计上还应考虑这一部位的融霜、防冻问题，否则当连接管（或软管）外被冰壳包裹后，将无法拆卸。

（2）立式平板式速冻机　立式平板式速冻机的结构原理与卧式平板式速冻机相似，冻结平板垂直平行排列，如图 1-8 所示。平板一般有 20 块左右。待冻食品不需用冻盘或包装，可直接散装倒入平板间进行冻结，操作方便，适用于小杂鱼和肉类副产品的冻结。冻结结束后，冻品脱离平板的方式有多种，分上进下出、上进上出和上进旁出等。平板的移动，冻块的升降和推出等动作，均由液压系统驱动和控制。

（3）冻结平板的结构　冻结平板的两面与食品（或冻盘）接触，要求平直，内腔为制冷剂的通道，有以下几种形式：

① 异形管或拼装平板。异形管的内腔为矩形，外侧一边为燕尾形凹槽，另一边为燕尾形凸桦，若干根异形管凸凹拼装组成平板，如图 1-9 所示。

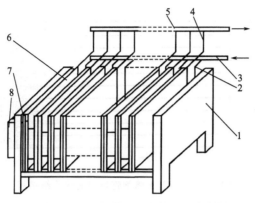

图 1-8　立式平板式速冻机结构示意图

1—机架；2,4—软管；3—供液管；5—吸入管；6—冻结平板；7—定距螺杆；8—液压装置

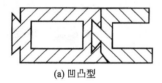
(a) 凹凸型

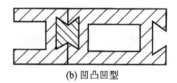
(b) 凹凸凹型

图 1-9　拼装平板

② 焊接平板。首先将槽钢在一块钢板上定位、焊接，然后在另一块钢板上沿槽钢中心线钻孔；钻孔钢板覆在槽钢上并找正、定位，最后根据钻孔填焊。焊接平板必须在焊接后进行水压和气压试验。

③ 矩形无缝管焊接平板。如图 1-10 所示为用矩形无缝钢管拼焊成的冻结平板，其制作工艺简单、方便。焊接平板焊接后，校平、试压，然后镀锌。铝管拼接平板同钢管焊接平板相比，铝板重量轻，传热效果好，但易变形，取材不便；钢制板刚性好，不易变形，取材方便。这种速冻器在鱼类速冻中应用较多，其冻结时间视冻品的厚度而定。

4. 喷射搅拌速冻机

该设备是在一个密闭的抗冻缸内，利用螺旋喷射泵将冷媒液在速冻机内部不断搅拌，使液体冷媒在冷冻缸里以物料为中心循环流动，使得温度均匀恒定在 $-30 \sim -50℃$，从而实现物料高效均一的冷冻。此工艺保证了物料的品质、新鲜度、口感和风味，使之在解冻过程中不会有营养损失。

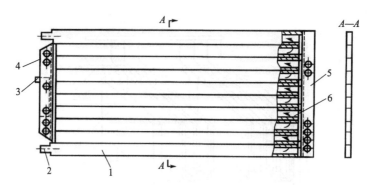

图 1-10 用矩形无缝钢管拼焊成的冻结平板

1—平板蒸发器；2—接头；3—滑板；4,5—封板；6—堵头

喷射搅拌速冻机冷冻速度快且均匀，具有热导率高、传热效率高等特点，加之采用液体冷媒作为冷冻介质，冷媒可直接接触食品物料各表面，从而可实现食品物料的全面、均匀、快速冷却冻结。且冷媒温度恒定，效率高，适应性强，可实现连续化生产。

5. 直接冻结设备

这种设备将食品（包装或不包装）与不冻液直接接触，进行热交换迅速降温冻结食品。因这种设备将食品与冷媒直接接触，要求不冻液必须纯净、无毒无害、无异味，与食品接触后不得改变食品原有成分与性质。

6. 回转式速冻机

图 1-11 所示为圆筒形回转式冻结装置，同平板式冻结装置一样，其利用金属表面直接接触冻结的原理冻结产品。其主要部件为一回转筒，载冷剂由空心轴输入，待冻品由投入口排列在转筒表面上，转筒回转一周，冻品完成冻结过程。冻品转到刮刀处被刮下。刮下的冻品由传送带输送到预定位置。转筒的转速根据冻品所需的冻结时间调节，每转 1min 或几分钟。载冷剂可选用盐水、乙二醇、R11 等。最低温度可达 −45～−35℃。用该设备冻结产品所引起的重量损失为 0.2%，冷量消耗指标为 110kJ/kg。该装置适用于冻结鱼片、块肉、虾、菜泥以及流态食品。

7. 液氮速冻装置

液氮速冻早已被食品加工企业所采用，由于它能实现低温深冷的超速

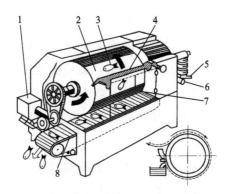

图 1-11　圆筒形回转式冻结装置

1—电动机；2—转筒冷却器；3—产品入口；4,7—刮刀；5—盐水入口；

6—盐水出口；8—出料传送带

冻，也有利于实现冻结食品的部分玻璃化，使食品解冻后能最大限度地恢复到原来的新鲜状态和原有的营养成分，极大提高了冷冻食品的品质，因此在速冻工业中显示出特有的生命力。但是，由于冻结速度极快（如浸渍式和喷淋式），冻结过程中存在着一个主要问题——低温断裂。目前，食品速冻的一个重要发展方向是单体速冻，速冻后的食品由于互相之间不粘连而是保持原来的单个状态，便于包装，容易解冻，深受欢迎。流态化速冻便是实现食品单体快速冻结的良好方法，由于其强化了冷却介质和食品之间的换热，冻结的品质和效率大大提高。

液氮喷雾式流态化速冻装置将液氮速冻与流态化速冻技术结合，以液氮为冷源取代传统的制冷装置，减少设备，压缩初始投资。这种装置可实现快速冻结，还可克服低温断裂和食品粘连问题。其通过调控液氮喷淋蒸发量来控制床层内空气温度，使食品在部分玻璃化与低温断裂之间找到合适的工况，从而既能实现食品部分玻璃化冻结，又能避免因温度过低造成的食品低温断裂。

（1）装置结构组成及工作过程　流态化-液氮速冻装置结构如图 1-12 所示。其工作流程为：由电源向变频调速器供电，变频调速器另一端与电机相连，改变变频调速器上的输出频率，可对电机进行无级调速，电机带动风机运转。风机吹出的风经一导流口导流后进入流化床下方，与雾化喷嘴喷出的雾状液氮混合后，通过布风板的孔隙进入流化床，低温气体在与床层内的食品充分接触过程中将食品快速冻结。床层内气体及食品中心的温度经一热电偶测量后，传递到计算机，计算机根据设定程序对电磁阀的开关做出反应，如果床层内气体温度高于预设值上限或食品中心温度未达到冻结温度要求，计算机即发出指令，打开阀门的开关，液氮经雾化喷嘴喷淋雾化成低温气体，对床层内食品进行玻璃化速冻；如果气体温度低于预设值下限或食品中心温度已达到冻结温度要求，计算机即发出指令，关闭阀门的开关，停止雾化液氮。

如图 1-13 所示，液氮喷雾式食品流态化速冻装置主要由液氮喷淋与流态化冷冻两部分组成。首先，食品经过输送进入进料预冻段，该段主要是液氮喷淋区域（液氮由液氮喷淋头喷出）；由于液氮喷淋换热系数较大，约 $425W/(m^2 \cdot K)$，几十秒后，食品材料的表面形成冰膜，因而机械强度大大

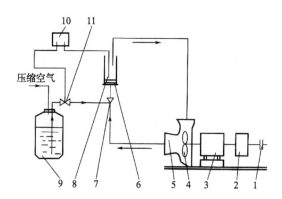

图 1-12　流态化-液氮速冻装置示意

1—电源；2—变频调速器；3—电机；4—风机；5—导流口；6—布风板；

7—雾化喷嘴；8—流化床；9—液氮瓶；10—计算机；11—电磁阀

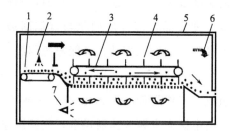

图 1-13　液氮喷雾式食品流态化速冻装置示意图

1—进料预冻段；2—液氮喷淋头；3—冷冻输送链；4—刮板；

5—围护结构；6—排废气口；7—液氮喷雾头

增加。接着，预冻后的食品进入流态化速冻阶段，并由刮板推动前行。作为冷源的液氮从液氮喷雾头喷出，雾化后的低温氮气与风机送风混合后形成的低温气体吹过食品层，使之流态化并迅速冷冻。整套装置中，由于冻结食品由刮板推动前行，因此实现了全流态化操作。

（2）液氮雾化控制系统　在速冻装置中，介质温度是一个非常重要的参数，它直接影响着冻结的时间。传统食品冻结装置的介质温度由于受蒸发温度的影响，通常在−30～−35℃范围，这大大限制了冻结速度的提高。在液氮喷雾式食品流态化速冻装置中，对介质温度的控制是通过调节液氮的雾化温度（−40～−60℃可调）来实现的，图1-14所示为液氮喷雾温度控制系统。先由高压氮气瓶给液氮容器增压，液氮即从喷嘴喷出雾化，雾化温度经数据采集模（ADAM4018）采集，并通过232/485转换模块进入微机；微机根据设定程序发出指令，通过继电器输出模块（DAAM4060）输出开关量以控制进气阀和放气阀的启闭，进而控制液氮流量与雾化温度。另外，计算机还可根据不同的需要对数据进行采集、分析，可适时地对产品的冻结过程进行监控等。在反馈回路内使用计算机，可将冻结装置内的生产条件控制在最佳状况。这种控制系统，可以用来控制液氮的流量、冷风的温度，除可保证产品的最佳质量以外，也可达到节能的目的。另外，雾化喷嘴的位置及角度均可变换，以适应冻结过程不同阶段的需要。在预冷阶段，喷嘴离床层食品较远并逆风向喷雾；当食品冻结至一定程度时，喷嘴靠近床层直接喷到布风板及食品层。

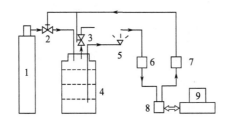

图1-14　液氮喷雾温度控制系统示意图

1—高压氮气瓶；2—进气阀；3—放气阀；4—液氮容器；5—喷嘴；6—数据采集模块；

7—继电器输出模块；8—232/485转换模块；9—微机

（3）浸渍式速冻机　这种速冻机多为隧道式结构，在隧道内使被冻结物料与温度很低的液化气体或液态制冷剂直接接触，从而将其制成速冻产品。

常用制冷剂有液态氮、液态二氧化碳和氟利昂等。隧道内设置有传送带、喷雾器或浸渍器和风机等装置。如图 1-15 所示，食品从一端置于传送带上，依次通过预冷区、冻结区和均温区，最后从另一端卸出。液态氮贮存于隧道外，以一定压力送至隧道冻结区进行喷淋或浸渍，食品与−200℃的液态氮接触而迅速冻结。液态氮吸热后形成的氮气，温度依然很低（−10～−5℃），通过风机将其送入隧道前段用于预冻。这种速冻机结构简单，使用寿命长，可完成超速单体冻结，但制冷剂回收困难，损耗大，成本高。

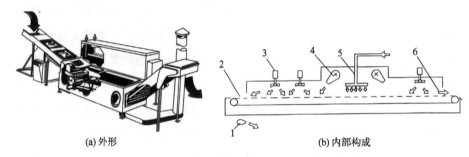

(a) 外形   (b) 内部构成

图 1-15　液态氮速冻装置

1—排风口；2—进料口；3—搅拌风机；4—风机；5—液态氮喷雾器；6—出料口

液氮流态化速冻具有以下优点：

① 液氮无毒，对食品成分呈惰性，并在冻结和包装贮藏过程可使食品氧化变质降低到最低程度。

② 流态化冻结过程具有很强的换热特性，与传统的空气强制循环冻结装置相比，换热强度增加了 30～40 倍，因而冻结速度快，可最大限度地保持食品原有的营养成分和新鲜状态。

③ 食品干耗少，每个速冻食品的表面都有一层很薄的冻膜，冻结过程冻品的机械强度高，解冻后表观色泽好，失水率下降。

④ 可实现单体快速冻结（IQF），不仅质量好，而且便于包装和销售。

⑤ 设备占地面积小，初始投资低，装置效率高，易于实现机械化和自动化连续生产。

（4）**液氮速冻箱**　液氮速冻箱是通过液氮的气化吸热把食品速冻到预定温度的一种装置，可作为液氮速冻的试验设备。箱体内外壁用不锈钢制成，内层底为 3m，其余为 1.5m。内外层间用 60mm 厚聚氨基甲酸乙酯隔热。移动式液氮贮瓶加上软管和喷嘴接头，连接在液氮速冻箱的喷液口上，按预定温度进行喷液降温。箱内的电阻感应元件，通过温度控制器使电磁动作达到控制温度的目的。如果调定温度控制器的温度值，低于预定的温度时电磁阀关闭，当高于预定温度值时就呈开启状态，继续喷液降温。速冻箱的箱体可做成任意大小规格。

（5）液氮低温输送箱　它的内外壁采用 1.2mm 厚、高强度纤维塑料（FRP）层压板。其间用发泡聚氨基甲酸乙酯隔热。箱体上装有向箱内喷射液氮的装置和温度表，它可在发货场所接通自动供给装置或接通移动式液氮贮瓶通过喷嘴对箱内喷淋降温。其系统原理与液氮速冻箱类似。一般运送速冻食品时常用 200kg 箱和 2000kg 箱，长距离输送时用 5t 箱。在铁路、轮船使用时是 10～20t 的箱。

（6）液氮制冷车　液氮制冷车的降温原理与液氮速冻箱相同，用以输送速冻食品。车上附设有喷淋装置、温度调节系统、液氮贮瓶等装置，运输过程中可维持恒定的温度，从而可保持食品品质。

运输冷却肉、鲜鱼、鲜贝和牛乳等时可调整车温至 3～10℃，这样的温度可使食品等继续进行呼吸作用，保持食品的鲜度；运输速冻肉、速冻鱼、速冻贝肉和其他低温速冻食品时，可以控制车内温度到 −18℃，这样就可抑制细菌的繁殖。

由于液氮在气化时体积膨胀 647 倍，采用液氮喷淋降温，能在一瞬间使车内温度达到一致，没有对流降温的死角，因此液氮制冷车可以装满货物，不必考虑空气的流通间距问题。这对输送过程中食品质量更有保证。

液氮制冷汽车的构造包括以下几部分：

① 车体。液氮制冷车的车体内外壁除用金属板制成外，还可采用 1.2mm 厚的高强度纤维塑料板，该板热导率小，可防止骨架等引起的冷桥作用，较金属板做车体具有更好的性能。

② 喷淋装置。喷淋装置由不锈钢管路和喷嘴组成。喷嘴采用椭圆扁孔形式，呈 65°扁平喷射角，喷嘴装于制冷汽车顶部。此种形式较过去多孔管喷淋具有更好的性能。

③ 温度调节系统。温度调节系统由不锈钢薄膜的气压阀与温度调节器组成。当车内温度比设定温度高时，温度调节器会启动调节过程。液氮贮瓶中的液氮受热气化，产生低压气体，通过温度调节器的小孔传输到不锈钢薄膜，薄膜受压变形使排气阀芯推动阀杆，从而使给气阀芯下移，于是氮气由

管路进入气压阀，驱动气压阀不锈钢薄膜变形，顶开阀芯，此时液氮贮瓶与喷淋管路接通，喷嘴开始喷射液氮，车内温度降低。当车内温度达预定温度时，温度调节器喷嘴上方不锈钢薄片被顶开，低内压气由喷口处逸走，排气阀芯不锈钢薄膜处于无压状态，薄膜复位，给气阀芯关闭，此时切断气压阀上部气源，气压阀阀芯复位，喷嘴停止喷淋。本温度调节系统最低适用温度为－34℃。由于车身振动，制冷汽车上采用气动系统远较电磁阀控制系统及其他控制系统更为简便、可靠。

④ 液氮贮瓶。液氮贮瓶为一双重壳构造的槽体，内槽采用不锈钢，外槽采用碳钢，其间采用真空隔热，槽内可盛约120～220L的液氮。

⑤ 仪器及安全装置。有设置在各部的压力表、安全阀、紧急关闭阀装置、流量计、温度调节器等。

（7）液氮速冻装置对速冻果蔬的影响　现以青刀豆速冻研究为例，说明液氮速冻装置对速冻果蔬的影响。如图 1-16 所示装置的冷冻部分由液氮喷淋和流态化冻结两部分组成。

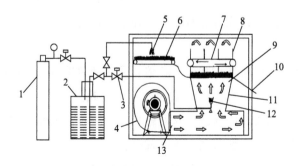

图 1-16　液氮喷雾式食品流态化速冻机简图

1—高压氮气瓶；2—液氮瓶；3—低温电磁阀；4—离心风机；5—液氮喷淋喷嘴；

6—预冻输送链；7—冷冻输送链；8—刮板；9—风道出风口；

10—出料口；11—风道；12—液氮喷雾头；13—风道进风口

食品物料由进料输送带（图中未画出）输送至预冻输送带，预冻后接着进入流态化速冻段，在风道中喷出的强冷气作用下流化和速冻，最后从出料口出来，完成整个速冻运作。

实验材料为青刀豆，并且品质优良，新鲜无侧筋，粗细较均匀，无病虫害，无农药污染，无斑疤、腐烂等。将原料去头去尾后进行切分，切分时，要求长度均匀，规格约为 5cm。完成切分后，置于清洗池中用流动水冲洗，洗净表面附着的灰尘、泥沙、大量微生物和其他杂质，然后将其捞起沥干。

　　① 冷风温度对冻结时间的影响。图 1-17 为不同冷风温度（－25～－45℃）下，青刀豆的冻结曲线，图 1-18 是通过图 1-17 总结出的在不同冷风温度下青刀豆冻结时间曲线。可以看出到达初始冻结温度前，随着温度下降，食品降温越快，曲线越陡；而在－1～－5℃间，不同的冷风温度下，食品通过此区域的时间相差很大，此段时间占了整个冻结时间的 40%；过了－5℃后，食品的降温速度几乎不随冷风温度的下降而变化，即冻结曲线在这一温度区域的斜率几乎相同。大多数食品在温度降低到－1℃时开始冻结，在－1～－5℃之间大部分冰晶生成，称之为最大冰晶生成带。从图 1-18 中可看出越低的冷风温度，通过最大冰晶生成带的时间越短，这对食品速冻来说是有利的。

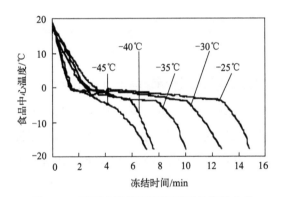

图 1-17　不同冷风温度下青刀豆的降温曲线

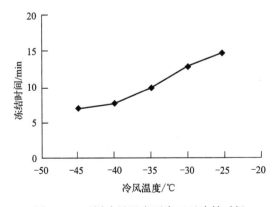

图 1-18　不同冷风温度下青刀豆冻结时间

② 冷风温度对干耗的影响。干耗是食品冷冻加工和冷冻贮藏中的主要问题之一，主要是由食品中水分蒸发或升华造成的结果，同样，在流态化速冻的过程中也会出现此种问题。图 1-19 表示不同冷风温度下青刀豆的干耗，可以看出冷风温度从 −25℃降到 −40℃，青刀豆的干耗有很大程度的减小，但在 −30℃和 −35℃时减小的趋势比较缓慢。

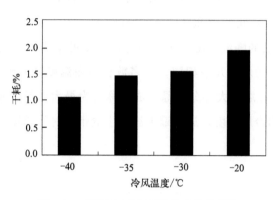

图 1-19　不同冷风温度下青刀豆的干耗

③ 冷风温度对冻品品质的影响。冻结过程中产生的冰晶大小对食品品质的影响很大，如图 1-20 所示为不同冷风温度冻结后青刀豆复温的电镜照片。比较这几张照片可发现，在冷风温度 −25℃冻结后复温的电镜照片未发现完整的细胞组织，细胞组织内细胞核、液泡和质体等在冻结过程中被冰晶挤压而完全破碎；冷风温度 −30℃时较 −25℃好，细胞内组织整体形状清

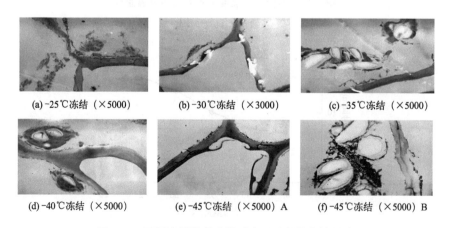

(a) −25℃冻结（×5000）　　(b) −30℃冻结（×3000）　　(c) −35℃冻结（×5000）

(d) −40℃冻结（×5000）　　(e) −45℃冻结（×5000）A　　(f) −45℃冻结（×5000）B

图 1-20　不同冷风温度冻结后青刀豆复温电镜照片

晰，但也出现破碎现象；冷风温度为-35℃、-40℃和-45℃时，细胞内组织清晰可见，几乎未发现破碎的现象，-45℃时冻结效果尤其出色。

液氮喷雾式流态化速冻是一种高效的速冻方式。由此装置进行青刀豆的低温速冻实验，进行分析可得出，在青刀豆的速冻实验中，冷风温度起到了至关重要的作用。不同的冷风温度下物料的冻结时间、干耗和品质有很大差异。通过青刀豆的速冻曲线可以看出，不同冷风温度对冻结时间的影响很大。冷风温度为-45℃时物料的冻结时间较-25℃时，缩短了近50%。这在工业生产中对增加制品的冷冻产量是相当可观的。在流态化速冻中很多因素影响着物料的干耗。通过理论分析和实验计算表明，对同一种物料来说冻结时间对其有着至关重要的影响。通过对速冻青刀豆的复温电镜照片进行分析，可发现速冻过程中产生冰晶的大小对食品品质的影响很大。而相对低的冷风温度能够使物料很快通过最大冰晶生成区，相对一般冷冻来说将会产生更细小的冰晶，对细胞结构影响很小。

8. 液态 CO_2 速冻设备

液态 CO_2 速冻机是一种深冷气体急冻系统，利用液态 CO_2 经过膨胀后产生"干冰"直接接触物体而使物体迅速达到冻结目的。

（1）液态 CO_2 速冻机的结构及性能　液态 CO_2 速冻机的结构及性能与隧道式速冻机、螺旋式速冻机都相似，尤其与隧道式速冻机运作方式接近，但制冷情况有较大差别。隧道式速冻机是以液体氨作为制冷剂，并通过压缩机、蒸发器组成的制冷系统传热至媒体，通常以空气为冷媒冷却食品，其原理是"间接"式热交换。根据机械制冷性能及运行成本因素，一般工厂采用的冷空气介质温度为-40～-35℃，而食品冻结时间为40～60min。液态 CO_2 的生产线在结构上简单得多（见图1-21），完全不需要压缩机及蒸发器，只是以高压液态 CO_2（压力2.0MPa）作为传热介质，其通过管道及喷嘴注入急冻槽内，由 CO_2 在"液—固—汽"三相转换过程直接与被冻食品发生热交换，从而迅速吸取食品热量。液态 CO_2 温度为-78.5℃，工厂一般采用-70～-65℃，食品冻结时间为20～25min。

（2）工作原理　液态 CO_2 被贮存在压力为2.0MPa的保温罐内，使用时经过管道和喷嘴注入急冻槽内，在急冻槽内急剧膨化成"干冰"，利用"干冰"升华时产生-78.5℃的低温，从被急冻的食品吸收热量后升华为冷

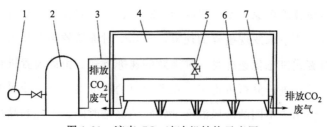

图 1-21　液态 CO_2 速冻机结构示意图

1—充液器；2—CO_2 保温罐；3—供液保温管；4—生产车间；5—电磁阀；6—喷嘴；7—急冻槽

气体，冷气体又被风扇吹往食品表面，然后沿着食品混合成冷气流，直到冷量被完全吸收后排出槽外。

（3）液态 CO_2 速冻的优点　液态 CO_2 速冻是制冷剂和食品直接接触降温，最低温度可达 $-78.5℃$，而机械式冷冻是经过换热器传热至空气媒体，再由冷空气冷却食品，其温度最低点在 $-40℃$。因此，液态 CO_2 速冻具有机械冷冻无可比拟的优点。

① 提高了产品急冻率。温度的迅速降低，可使液体从食品细胞渗透出来的时间大大缩短，脱水率仅为机械式冷冻的 1/4，食品原有品质得以保存。且相对机械式速冻而言，液态 CO_2 速冻有效地提高了单位产量。

② 设备结构简单，占地少。液态 CO_2 速冻系统主要构成为一条急冻槽，而急冻槽尺寸不大，占地面积小，因此速冻加工车间只需 $150m^2$ 即可。

③ 生产灵活。产量的可调性在 $±15\%$ 的范围变化而不影响其生产效率。通过精确计算吸热量，再加上精密的温度控制，能更灵活地调节食品产量。

④ 机械设备少，维修保养、清洗、除霜方便，折旧及脱水损耗等比机械式低。

⑤ 经深冷气体速冻的食品品质好。因为 CO_2 是"不活泼"气体，能保护食品不被氧化，因此更能保证速冻食品质量。如速冻鲜虾，个头更大，颜色更好，味道更鲜美，保鲜期更长。

9. 升降式速冻设备

在常规的隧道式速冻机中，大量空间的闲置，既造成大量冷气流做无用功，降低了热交换效率，又增加了风机的能耗，从而增加了冻品的成本。同时由于体积庞大，散热面积大，增大了和外界环境的热交换，也损失了大量能源。而升降式速冻机则采用多层密集型物料分布方式，充分利用空间，在保证气流畅通的前提下，可尽量减小通风面积，使物料均匀分布在整个通风截面上，从而可尽量保证冷冻空气与物料多接触和尽量充分地进行热交换。

（1）升降式速冻机的结构　升降式食品速冻装置主要由保温壳体、机械部分和制冷系统组成。机械部分主要由传动部件、进出盘推进器、提升装置、下降装置、拨盘器、给盘架等组成；制冷系统包括制冷风机（即蒸发器等部件）和冷压缩冷凝机组，冷风机装在保温壳体内的一侧，直接向货盘吹冷风，压缩冷凝机组安装在壳体外适当的地方，通过管道与冷风机连接。装置组成如图 1-22 所示。

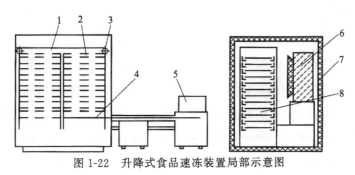

图 1-22　升降式食品速冻装置局部示意图

1—下降装置；2—提升装置；3—拨盘器；4—进出盘推进器；5—给盘架；
6—冷风机；7—保温壳体；8—货盘

① 空间的利用。

a. 进出料机构。它由不锈钢支架、不锈钢链条和推板组成。进出料机构把装满物料的不锈钢托盘，按预定的工位，推进到提升架的下部。在机械程序控制系统通过电器发出的指令下停止运动。

b. 提升机构。当进出料机构停止工作时，提升机构接到指令开始起动，提升一个预定工位，在机械控制系统的指令下停止运动。提升机构停止工作时，进出料机构又接到运动指令开始运动。周而复始，进出料机构和提升机构交替运动。当装有物料的托盘升到预定的工位时，和进出料机构联动的推进机构在指令下把托盘推进到下降架的顶部，然后与提升机构联动的下降机构将托盘与提升运动同步下降一个工位。当装有物料的托盘下降到进出料机构的工位时，进出料机构把新的装有准备冻结的物料的托盘送入冻结器，同时，把已经冻结好的物料随托盘推出冻结器。

② 降低成本和能耗。通风空间的充分利用，可最大限度地减少冻结间

的体积和占地面积，同时可减少材料的消耗。它的体积大约是隧道式网带速冻机的二分之一。升降式速冻机相比同样产量的其他类型的速冻机，每台成本将下降5万元甚至更多。由于热交换效率的提高，所需风量将大大减少，风机输出功率也就降低。总之，其节能效果明显。

不同速冻机所用风机输出功率比较见表1-1。

表1-1　不同速冻机所用风机输出功率比较　　　　单位：kW

型式	300kg/h冻结量的风机功率	500kg/h冻结量的风机功率
升降式速冻机	1.5	4.4
隧道式速冻机	3.3	9.0

（2）工作原理　机械传动的动力由一台电磁调速异步电动机或变频调速电动机提供，通过安全离合器与蜗轮蜗杆减速器连接，减速器输出轴的传动分两路。一路通过凸轮机构推动棘爪使棘轮转动一个槽距，通过齿轮传动后带动提升装置、下降装置的主动轴，再由该轴通过1∶1的齿轮换向，带动提升装置的两组链条向上移动一个工位，同时下降装置的两组链条向下移动一个工位。另一路带动槽轮机构的拨销盘，使槽轮做间歇运动。从槽轮轴上又分成两路。一路通过齿轮传动，使进出盘推进器做两次往复直线运动，将两只货盘依次送入提升装置的轨道，同时将速冻后的货盘从下降装置推出速冻装置。槽轮轴上分出的第二路通过圆锥齿轮动力垂直地传递到装置的最上端，通过齿轮传动后，带动拨盘器的链条，链条的拨板将提升装置托条上的两只货盘拨至下降装置托条上。这样，盛有食品的货盘在−35～−30℃的低温装置内通过升降循环完成速冻工艺，各部件的运动情况详见工作循环图1-23。

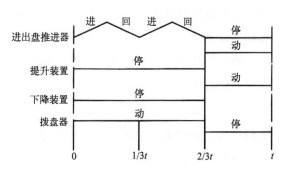

图1-23　机械部分工作循环

（3）升降式食品速冻装置（表 1-2）的特点　升降式食品速冻装置与其他速冻装置相比，主要有以下特点：

表 1-2　升降式食品速冻装置的主要技术参数

指标	参数	指标	参数
速冻装置平均温度	$-35\sim-30℃$	耗冷量	7.20×10^4 kJ/h
冻品平均温度	$-18℃$	制冷剂	R502
冻结时间可调范围	$15\sim100$min	融霜方式/周期	电热融霜/24h
冻结能力(以饺子计)	120kg/h	外形尺寸	4600mm×2500mm×2700mm
冻结时间(以饺子计)	$30\sim35$min		

① 体积小，重量轻，结构紧凑，安装简单，操作维修方便，主要零部件采用不锈钢制造，经久耐用，符合食品卫生的要求。

② 成本和能耗降低。通过空间的充分利用，可最大限度地减少冻结间的体积和占地面积，同时可减少材料的消耗。它的体积大约是隧道式网带速冻机的 1/2 甚至是 1/4，材料也减少 1/2 以上。

③ 应用范围宽。升降式速冻机由于充分利用了空间，其物料摆放面积比其他类型的速冻机明显增大，加上它全部采用光滑不锈钢托盘，具有与物料不易黏结的特点，所以它可以冻结的物料种类很多，如单体虾、贝类、食用菌、叶菜类、薯条、薯块、芋头、板栗、分割鸡、分割肉，以及包子、饺子等调理食品和冰淇淋等。它几乎可以取代钢板带式速冻机、螺旋冻结器、多层往复式速冻机以及隧道式冻结装置，可完成它们各自的独特功能。

④ 控制系统先进。自动进出盘、速冻时间可经无极调速器来控制。升降式速冻机具有多点温度循环监测系统。它的机电一体化联锁控制使冻结时间可根据物料的不同任意调节，并可保证设备安全正常地运行。它还具有自动与手动两种操作形式，可以适合不同条件的生产需要。

10. 带式冻结机

带式冻结机主体部件是钢带连续输送机，如图 1-24 所示。其通过在钢带下喷盐水，或使钢带滑过固定的冷却面而使冻品降温。该装置适于冻结鱼片、调味汁、酱汁和某些糖果产品等。冻品上部可用冷风补充冷量。食品层

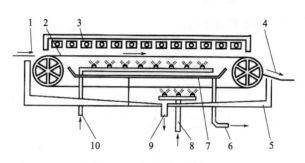

图 1-24　带式冻结装置

1—进料；2—钢带；3—对流空气；4—出口；5—保温层；6—盐水出口；

7—盐水洗涤入口；8—盐水入口；9—洗涤水出口；10—钢带洗涤水入口

一般较薄，因而冻结速度快，冻结 20～25mm 厚的产品约需 30min。

带式冻结机的主要优点：同平板式、回转式相比，带式冻结机构造简单，操作方便；可改变带长和带速，从而可大幅度地调节产量。

11. 流态化速冻机

食品流态化速冻机是近年来国内外研制的新型冻结装置，在冻结过程中，食品物料处于流态化状态，是实现食品单体速冻（IQF）的一种理想设备。与其他冻结设备相比，这种速冻机的冻结速度快、产品质量好、耗能低，适宜于冻结球状、圆柱状、片状及块状颗粒食品，尤其适宜果蔬类单体食品的冻结加工。

典型食品流态化速冻机：食品流态化冻结装置属于强烈吹风快速冻结装置。一般流态化速冻装置可大致按机械传送方式、流态化程度和冻结区段来划分，见表 1-3。

表 1-3　流态化速冻装置的分类

分类依据	分类
物料传送方式	带式（单层、双层）、振动式（往复式、直线式）
流态化程度	半流式、全流式
冻结区段	一段、两段

国内引进的流态化食品速冻设备绝大多数是网带式的，少数为气垫悬浮式。网带式速冻设备总体可被称为半流态化装置。放在传送网带上的食品，

在低于临界速度的冷气流作用下变得疏松，处于离网不高的悬浮状态。由于被冻结的食品在进入冻结装置时含水率往往很高而且表面水分也多，致使食品经常出现冻粘成块或冻粘在网带上的问题，影响产品的外观质量。为了避免冻粘，采用两段网带传送。在第一条传送网带上微冻，使食品表面形成薄冰壳。当食品转入第二条网带时，由于两条带高差的翻落以及刮板的作用，使一些冻粘块散开或脱离第一条网带。从实际操作的情况看来，并不太理想。主要的问题在于半流态化未能实现强烈的热交换，绕流食品层的风速受到限制，风速过高就会出现"沟流"现象。

瑞典弗里戈斯康迪亚（Frigoscandia）公司推出了一种全流态化单体快速冻结装置（图 1-25），属于往复式振动流态化冻结装置。这种装置的特点是结构紧凑、冻结能力大、耗能低、易于操作，并设有气流脉动旁通机构和空气除霜系统，是目前世界上比较先进的一种冻结装置。它是利用上吹的强烈冷风把食品层吹成像液体一样的悬浮状态，利用打孔托盘（另称斜槽）的倾角而使食品层向出料端移动。料层的厚度可通过导流板加以调整。这是一种真正的流态化设备，能获得优质的冷冻产品。但这种气垫悬浮冻结装置只能冻结某些球状或圆柱状颗粒食品，所配风机功率较大，耗电指标高，因而影响了它的应用范围。

国产 ZLS-1 型和 ZLS-0.5 型振动流态化速冻装置的振动系统是直线式的。ZLS-1 型速冻装置设有两段冻结区：第一段为快速冷却和表层冻结区，由传送带传输；第二段是深层冻结区，进入这一冻结区段的物料在振动槽的

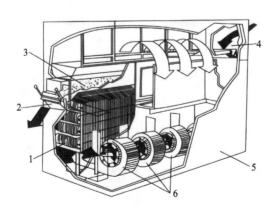

图 1-25　MA 型往复式振动流态化速冻装置

1—蒸发器；2—卸料口；3—物料；4—进料口；5—机罩；6—风机

作用下进行全流态化冻结操作。ZLS-0.5 型振动流态化速冻装置只有一个由振动槽传输的冻结区段，属于全流态化冻结装置。这种装置的机械传送系统是按直线振动原理设计的一种双轴惯性振动槽，可使物料借助于振动电机偏心体同步回转运动产生的定向微振力，呈跳跃式抛物线形向前运动，并在上吹风的作用下形成全流态化。这样，既取代了强制通风流态化，节省能耗，又改善了气流组织的均匀性，提高了流态化效果。

我们在依照 ZLS-1 型速冻装置来设计流态化速冻装置时，将食品快速冻结分为两个区段来实现：第一区段是表层微冻区，第二区段为深层冻结区。当食品进入第一区段时，上吹的冷风把食品吹成半流化状态，很快形成表层微冻的冷壳。为了防止渐湿的常温物料在进入低温冻结间时彼此冻粘或冻粘在不锈钢网带上，特在传送网带增设三处驼峰。物料层在通过驼峰时，冻粘在网面上的食品层就因转折而彼此脱开，结块的食品也因转折挤压而分离，从而可大大改善流态化效果。作为深层冻结区，在第二段设计了一台大型振动槽，借助自同步直线振动配以循环冷风，使食品颗粒真正分离为单体，达到完全流态化，强化食品层与冷风之间的热交换，从而在极短时间内获得高质量的单体速冻食品。它既有别于气垫悬浮式流态化结构，又不同于传统的网带式半流态结构，而是一种新的流态化设备。

如图 1-26 所示为振动流态化食品速冻装置。

流态化速冻装置主要应用了单体冻结的原理，即在冻结过程中，冻品放在网带（或多孔板上），低温空气（约 -35℃）自下而上强制通过孔板和料层，当空气流速达到一定值时，散粒状的冻品由于气流的推动，密实的料层逐渐变为悬浮状，使物料中的每一颗粒为冷空气所包围，因此，其传热十分迅速，从而实现了单体快速冻结。由于流态化冻结装置具有冻结速度快、产品质量好和易于实现机械化连续生产等优点，近年来已为食品冷加工行业广泛应用。在流态化速冻装置中，风机提供的具有一定流量和压力的空气经蒸发器变成低温空气，使食品颗粒流态化从而实现快速冻结。

流态化速冻装置常由物料传送系统、冷风系统、冲霜机构、围护结构、进料机构和控制系统等组成。物料传送系统构成了装置的流化速冻床层区；冷风系统围绕物料传送系统安排，主要由风机、蒸发器和导风结构所组成；冲霜机构是为除去蒸发器表面的积霜而设置的；围护结构是速冻装置的绝热外壳，由绝热材料和结构材料组成，围护结构的内壁往往也是装置内部导风

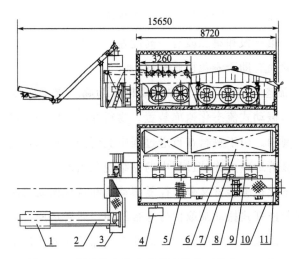

图 1-26 振动流态化食品速冻装置（单位：mm）

1—振动送料筛；2—网带式提升机；3—振动布料筛；4—电气开关柜；

5—网带式流化床；6—搁架式冷冻小车；7—串片式氨蒸发器；8—振动流态化传输槽；

9—轴流式风扇；10—装配式冷库；11—出料斗

结构的一部分；进料机构的形式通常是带孔的斗式提升机。此外，常常在装置的进料口端，配有滤水器和布料器。滤水器是为了去除某些（通常是经过预处理的）原料表面所带的过多的水分；布料器可使原料均匀地分布在传送装置上，从而可以减少黏结现象和获得良好的流化状态。

流态化速冻装置的结构布局主要应考虑以下几个方面的问题：冻品与筛板、冻品与冻品之间不粘连、不结块，保证冻品单体与冷空气充分接触；气流分布均匀，保证料层充分流态化；风道阻力小，能耗低等。为了达到以上要求，按机械传送方式可将其分为带式及振动式速冻装置。无论是何种类型的流态化冻结装置，其冻结原理相同，区别只在于冻品的输送机构。

① 带式流态化速冻装置传送带往往由不锈钢网带制成。按传送带的条数可以在冻结装置内安排为单流程和多流程形式。按冻结区分可分为一段和两段的带式速冻装置。早期的流态化速冻装置的传输系统只用一条传送带，并且只有一个冻结区，这种单流程一段带式速冻装置的主要特点是结构简单，但装机功率大、能耗高、食品颗粒易黏结。

多程一段带式流态化冻结装置也只有一个冻结区段，但有两条或两条以上的传送带。在此装置中，第一段为表面冻结，采用较高的气流速度，使食品表面很快形成冰壳，以防黏结。第二段称冻结段，冻品在此段完成冻结过程，冻至终温。第一段和第二段有一高度差，当冻品由第一段翻落至第二段时，因互相冲撞而有助于避免彼此粘连。

② 振动式流态化速冻装置。以振动槽作为物料水平向传输手段的流态化速冻装置称为振动式流态化速冻装置。物料在冻结区的行进是通过振动传输槽的作用实现的。由于物料在行进过程中受到振动作用，因此，这类形式的速冻装置可显著地减少冻结过程中的黏结现象出现。

振动式流态化速冻装置又分为往复振动式和直线振动式两类。前者采用带有打孔底板的连杆式振动筛取代传送带结构；后者运用直线振动原理将机械传送机构设计成双轴惯性振动槽，以此取代冻结区的传送带结构。这是一种两段式的流态化冻结装置。

12. 真空速冻机

（1）真空速冻机机理　真空速冻机不是通过冷冻剂的热力循环来制冷的，而是将被冻结物品放在一个密闭的容器中，通过蒸汽喷射迅速使容器形成一个真空的环境，使被冻物品的水分迅速蒸发吸热，从而使物品迅速降温。

真空速冻机采用高效率蒸汽喷射器作为抽真空设备，它具有设备小、抽气率高的特点，其工作原理见图 1-27。

其工作过程为：从锅炉来的高压工作蒸汽（0.4～0.6MPa）在喷嘴中迅

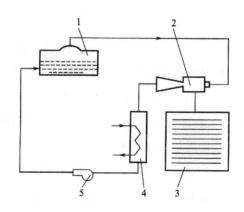

图 1-27　真空速冻机工作原理

1—锅炉；2—蒸汽喷射器；3—结冻箱；4—冷凝器；5—凝结水泵

速膨胀，并在喷嘴出口处造成一定的真空，使结冻箱内的被冻物品内部水分蒸发，水分蒸发时吸收潜热，使被冻物品温度降低，从而实现制冷目的。

真空速冻机主要技术参数如下：最大制冷量 267kW；冷却水循环量 $80\sim400m^3$；终温 $-20\sim-18℃$；冷却水温度 28℃；蒸汽压力 $>0.6MPa$；速冻箱容积 $8.5m^3$；最大汽耗量 6000kg/h；物料装入量 1000kg。

(2) 真空速冻机的优缺点

① 优点。

a. 安全。由于制冷剂是水，具备无毒、无危险、汽化潜热大的特点，对操作和环境都安全。

b. 结冻速度快。如果把 10kg 的水放入一个 100mm×100mm 截面的金属盒子里，在 $-30℃$ 的盐水中需要 1.5h 才能冻成 $-20℃$ 的冰，而用真空速冻机则仅需 1 分多钟。其冻结速度与产量成正比，人们可以根据需要进行控制。一般来说，蒸汽喷射式制冷与吸收式制冷一样都存在热力系数较低的缺陷。但在通常的结冻设备中，主要通过热力传导及对流等方式从被冻物品移热，物体的导热是由分子之间碰撞所引起的，即高温分子具有较大的动能，低温分子具有较低的动能，两者相碰产生了能量转移。因此，冷冻剂的温度往往要比被冻物品低 10℃ 左右，同时被冻物品厚度越大，热传递速度就越慢。而真空速冻不存在这些问题，被冻物品的温度可以说是一次到位，从而弥补了热力系数低的缺点。

c. 产品质量好。由于真空速冻有真空和速冻两种功能。在快速建立高真空条件下，食物细胞间少部分游离水分迅速蒸发，而留下来的大部分游离水分同时快速冻结形成细小的冰晶体，冻结后的冰晶，使原生质（细胞）间的合成与分解受阻，从而保护了生物能源——三磷酸腺苷，抑制了 ATP 与 ADP 的相互转变，从而保持了原机体的组织形态，最大限度地保持了原产品的"色、香、味"。这是目前使用其他食品急冻方法无法比拟的，在高档水产品保鲜上有很大的意义。

② 缺点。

a. 干耗大。如要把猪肉从 25℃ 降到 $-20℃$ 需要蒸发其自身 12.2% 的水分，这就意味着减少 12.2% 的肉重。如果不采取减少干耗的措施，这个代价就太大了。

b. 不能冻结成块。不含水分的物品无法自行降温。如果切块小一些，如饺子馅中的肥肉，它可以把热量传递给附近的蒸发的游离水分，而块大的肥肉降温就会有困难。

c. 应用范围受限。真空速冻有许多优点，但因其冻结干耗大等缺点，使它的应用受到一定的限制。在应用时应对产品有所选择和处理，如：冻含水量大的产品（如冷饮、块冰、速冻蔬菜），既快又安全；一些速冻面食，在产品制作时可适当增加产品中的水分含量，以抵消真空速冻过程中的干耗损失；盘冻的鲜虾等水产品冻结时，在冻盘中加水，既可包冰衣，又可借助水分的蒸发使产品迅速降温，从而减少产品的干耗，提高产品质量，此方法对一些高档水产品的保鲜有独特的作用。

13. 小型速冻-冷藏两用装置

速冻-冷藏两用装置，集冻结、冷藏于一室，仅用一套制冷设备，既可完成食品速冻，又可实现低温冷藏。图 1-28、图 1-29 是它的结构平面、剖面图。

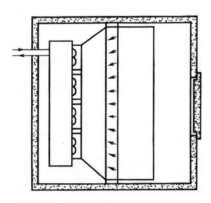

图 1-28　速冻-冷藏两用装置平面图

如图 1-28、图 1-29 所示，在吊顶式空气冷却器的出风口依次布置聚风筒、集风箱、气流调节阀、速冻箱。由空气冷却器吹出的冷风经过聚风筒，保持风速不变，在集风箱内气流得到缓解，并趋于均匀，同时消除机械振动（该集风箱由帆布制作，即弹性连接），再经气流调节阀，使风速、风量进一步调配均匀，从而使冷风均匀进入速冻箱。速冻箱体由不锈钢板制成，形状呈矩形，一端为进风口，另一端为出风口，内部有分层搁架，经包装后的食品袋置于每层搁架上，在强烈低温气流吹拂下，于短时间内得到冻结。冻好

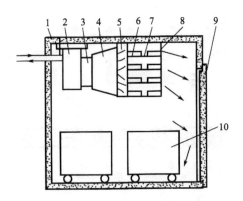

图 1-29　速冻-冷藏两用装置剖面图

1—隔热护围；2—空气冷却器；3—聚风筒；4—集风箱；5—气流调节阀；

6—食品袋；7—搁架；8—速冻箱；9—门；10—贮藏箱

的食品在大空间冷藏保存。如果对冻品的回升温度有严格要求，还可以在大空间内设置由聚乙烯板制成的隔热贮藏箱盛装冻品。

　　其主要特点就是在空气冷却器出风口设置速冻箱，集中冷风，形成局部强制通风小区，使食品迅速得到冻结，其余空间用来冷藏。这是一种区别于其他形式的速冻方法。

　　根据所需冻结量的多少和冻品的终温来选择制冷压缩机的机型和附属设备容量的大小。制冷量在 5233W（18841.5kJ/h）以下，即为超小型速冻机，本装置即在此范围以内。

　　速冻-冷藏两用装置，采用批量进、出货方式，制冷系统采用电加热融霜，并装有融霜时间控制器，融霜一般在每批食品速冻结束后进行。由温度控制器控制压缩机的开与停，以保持室内温度在规定范围内。机组上还装有高、低压力控制器，以防止压力过高或过低而引起故障。

第二章　果蔬花卉速冻工艺

02 Chapter

　　果蔬花卉的速冻储藏可以在一定程度上保证食物的品质、安全，可为人们提供高营养、方便的食品。与其他保鲜措施相比较，速冻的优势明显，已广泛应用于果蔬花卉及肉类的保鲜，可保证食物运输及储藏质量。

　　一直以来，大多数的速冻食物在人们食用前，需要经过烹饪等加工手段，防止发生由微生物导致的安全问题。近年来，食品速冻产品逐渐向简易化转变。现代的冷冻食品有一部分为预烹饪食品，还有一部分为加热食用食品，仅需在食用前简单加热即可。另外一些如冷冻蛋糕、甜点等食物，可融化后直接食用，避免了烹饪环节。省去烹饪环节方便了消费者，但对于食品企业而言，则需要考虑和严格控制微生物的安全威胁，需采取合适的步骤来加工冷冻食品。对于消费者而言，营养是其考虑的首要因素，这就对食品加工企业提出了很高的要求，需要考虑在最大化营养含量的同时，降低微生物的影响至最低。食品安全与消费的紧密相关性，是由食品中的食源性危害存在水平决定的，需要加工企业在整条食品生产链内引入食品安全危害管理，进行充分控制，以确保食品安全，这是生产链条所有参与者的共同责任。

　　速冻的关键步骤是降低食物温度，以减少或防止微生物和食物本身成分的变化。但是，冷冻和加工本身会使食物产生复杂的结构和成分变化。简单而言，温度降到0℃以下时，水转化成冰，对食物组织产生了伤害，结果造成未冻结的水分中可溶解的物质浓度升高。食物的物理结构和化学组成决定了其在冻结状态下的含水量大约仅为未冻结时的8%。随着温度的降低，冰晶的持续生成，会对食物组织细胞造成严重的伤害，破坏细胞和细胞间的细胞壁，释放出细胞质和酶。因此，一方面保持食物在低温环境可以降低有可能发生的有毒反应速率，提高食品的安全、质量及营养。但是另一方面，未冻结水中细胞质及酶浓度的升高，又促进了上述反应的发展。基于上述原因，食品加工环节中为了保证食品安全，减少冷冻过程中的物理化学变化，许多食物在冷冻前需增加热处理，以延长食品的货架期（尤其是蔬菜）。冷冻前的热处理，一般称为"焯水处理"，主要用于降低导致腐败发生的酶的活性。但是，焯水处理会破坏食物的营养，尤其是会降低维生素C（抗坏血酸）在食物中的含量。总之，焯水处理对于食物的营养保存有着显著的破坏，因此需要深入研究和理解其对于冷冻食品营养元素的影响。

研究食物中微生物的重要性在于其导致了食物组织的腐败，继而可能引起疾病的发生。食物的保鲜主要是为了预防食物腐败的发展，控制有害病原菌或毒性物质的水平。

当环境温度降低到−10℃以下时，冷冻可以通过降低微生物活性，从根本上停止或减缓食物的腐败进程。然而，大多数微生物能够在低温下存活下来，当环境变得比较适宜时，可发挥强大的繁殖能力。冷冻条件下病原菌的存活并不存在硬性的单一条件，不同的种类之间有着巨大的差异。高等生物，如原虫类寄生虫，对冷冻和冷藏非常的敏感，很容易因低温失去活性。革兰氏阴性菌虽然比原虫类有更强的耐低温能力，但相较于革兰氏阳性菌而言更易受温度影响。病毒有很强的低温抵抗能力，在冷冻后仍保持着侵染宿主的能力。细菌孢子在低温下可以完整保持各项功能。不同的霉菌、酵母菌类微生物对低温的抵抗能力有很大差异。

公共安全，要求食品加工企业提高对冷冻食品的微生物水平的控制和监控水平。当冷冻食物中微生物水平达到了有害水平，因安全的因素，需要采取手段（如烹饪）来降低微生物有害水平至安全水平。在考虑到有可能发生感染的条件下，甚至需要彻底地将微生物从食物中杀死或去除。

影响冷冻效果的其他因素还包括冷冻速率、食物组成成分、包装、冷藏温度、解冻方法等。在冷冻的初始阶段，通过冷冲击的方法有可能会杀死对温度敏感的微生物。细胞内外冰晶的形成会对细胞产生物理伤害。冷冻和解冻会降低病毒糖蛋白膜结构以及病毒包衣的完整性。在冷冻和解冻时产生的氧化作用也会对细胞产生伤害。很多细菌进化出了减少冷冻伤害的机制，如生成冰晶蛋白、抗晶核生成蛋白及抗冻蛋白等。

第一节　温度对微生物生长和繁殖的影响

一、微生物生长和繁殖的条件

动物性食品表面的微生物可以食品原料作为培养基,在一定的条件下迅速生长繁殖,并分泌出各种酶类物质,促使食品营养成分迅速分解,并可将食品中的蛋白质、脂肪等逐渐分解成胺类、脂肪酸、氨、硫化氢等低分子化合物,使食品质变,尤其是富有蛋白质的动物性食品,还会因变质而产生恶臭气味。在引起食品腐败变质的诸多原因中,微生物作用往往是最主要的。引起食品腐败的微生物主要有细菌、酵母菌和霉菌,尤以细菌引起的变质最为显著。植物组织采摘后仍然是个活体,只有在受到物理损伤或处于衰老阶段时,才易被微生物所利用。

引起食品腐败变质的微生物是能够生长繁殖的活体,因此需要营养和适宜的生长环境。为此,要掌握微生物生长和繁殖的条件,以便采取有效措施抵制微生物作用,达到保持食品原有的色、香、味的目的。下面分别叙述微生物生长和繁殖的条件。

1. 水分

水分是微生物生命活动所必需的,是组成原生质的基本成分,微生物借助水分进行新陈代谢。食品中的水分越多,微生物越容易繁殖。一般认为,细菌在食品水分含量达50%以上时才能生长繁殖,在食品水分含量为30%以下时繁殖开始受到抑制,当食品水分含量在12%以下时繁殖困难。食品水分含量在14%以上时对某些霉菌孢子有一定的抵制作用,但当空气相对湿度达到80%以上,食品表面水分达18%左右时,霉菌可以生长。水分含量低的食品如果存放在湿度较大的环境中,由于食品表面水分增加,仍然会加速食品的发霉。因此,降低湿度有利于食品保藏。如果微生物处于很浓的糖或盐的溶液中,由于渗透压作用,细胞原生质会失去水分而使微生物难以摄取养料和排除体内代谢物,甚至原生质可收缩并与细胞壁分离,产生质壁分离和蛋白质变性等现象,从而抵制甚至完全终止微生物的生命活动,所以人们常采用腌制措施保藏食品。用低温冻藏食品,使食品内的水分结成冰晶，束缚了水参与微生物生命活动和生化反应的作用，与腌制或干制食品的效果相仿。即低温冻藏食品时将部分水冻结为冰晶，腌制保藏食品时使微生物原生质脱水，干制保藏食品时将部分水分除掉。

2. 温度

温度是微生物生长和繁殖的重要条件之一，各种微生物各有其生长所需要的温度范围，超出此温度范围，就会停止生长甚至终止生命。此温度范围对某种微生物而言又可分为最低、最适和最高三个区域。在最适温度区，微生物的生长速率最快。由于微生物种类的不同，其最适温度的界限也不同。根据其最适温度的界限，可将微生物分为嗜冷性微生物、嗜温性微生物、嗜热性微生物三种，大部分腐败细菌属于嗜温性微生物。微生物对温度的适应性见表 2-1。

表 2-1　微生物对温度的适应性

类别	最低温度/℃	最适温度/℃	最高温度/℃	种类
嗜冷性微生物	0	10~20	25~30	霉菌、水中细菌
嗜温性微生物	0~7	20~40	40~45	腐败菌、病原菌
嗜热性微生物	25~45	50~60	70~80	温泉、堆肥中的细菌

3. 营养物

微生物和其他生物一样，也要不断地进行新陈代谢。它们从外界环境中摄取糖类、蛋白质、无机盐、维生素等作为营养物质。动物性食品原料是微生物生长繁殖的最好培养基。淀粉、蛋白质、维生素等有机物质，首先分解成简单物质，然后渗透到微生物细胞内；乳糖、葡萄糖与盐类等简单营养物质，可直接渗透过微生物细胞膜进入细胞内。每种微生物对营养物质的吸收都有选择性，如酵母菌喜欢糖类营养物，不喜欢脂肪；而一些腐败菌需要蛋白质营养物。实验表明：高水分和低 pH 值的介质会加速微生物的死亡，而糖、盐、蛋白质、脂肪对微生物有保护作用。

4. 环境介质

（1）pH 值　环境的 pH 值对微生物生长繁殖影响很大。各种微生物都有其各自最适的 pH 值，pH 值过高或过低均会影响微生物的生长繁殖。组成细胞原生质的半透膜胶体在某一 pH 值下带正电荷，而在另一 pH 值下带负电荷；当 pH 值不同时，其所携带的电荷也不同。由于胶体携带电荷的更换，可引起某些离子渗透性的改变，进而可影响微生物对营养物质的摄取。大多数细菌在中性或弱碱性的环境中生长较适宜，霉菌和酵母菌则在酸性环境中较适宜。一般细菌的最适 pH 值为 7～8，低于 4～5 时就不能正常发育；霉菌和酵母菌的最适 pH 值为 4～5，最低临界 pH 值为 2。

（2）日光　日光中的紫外线对微生物有杀灭作用。紫外线杀菌的作用机理主要是紫外线被原生质的核蛋白吸收，使微生物发生变异。

（3）放射性同位素　放射性同位素放射出的射线通常有 3 种，即 α 射线、β 射线、γ 射线。其中 γ 射线被空气吸收的比率极小，不但能射至相当远的地方，并且对食品有较强的穿透力。辐照杀菌的机理分为直接作用和间接作用。直接作用是指射线直接破坏微生物的核糖核酸、蛋白质和酶等与生命有关的物质，使微生物死亡。间接作用是指射线在微生物体内先作用于生命重要分子周围物质（主要是水分子）产生自由基，自由基再作用于核酸、蛋白质和酶等使微生物死亡。

（4）渗透压　微生物的细胞膜是半透性的，细胞内比细胞外围渗透压大，如把带有微生物的食物放进糖、盐等渗透压大的溶液中，微生物的细胞将发生质壁分离（即原生质与细胞膜脱离），生长繁殖受到抑制。

（5）化学药品　若在培养基中加入某些化学药品，则会对微生物产生致死的破坏使用。例如，加入重金属盐类、酚类和酸类等物质，能使原生质中蛋白质迅速凝固变性，进而使微生物立即死亡；加入漂白粉、臭氧与氧化物，能使原生质中的蛋白质因氧化而破坏；加入醛类能使蛋白质中的氨基酸分解成更简单的物质；加入浓盐和浓糖能使原生质萎缩，而促使细胞质壁分离。

二、温度对微生物的作用

如前所述，引起食品腐败变质的微生物的生长和繁殖需要营养和适宜的生存环境。温度是微生物生长和繁殖的重要环境条件，各种微生物各有其适宜生长和繁殖的温度范围，超出此温度范围，温度对微生物有较明显的致死作用。

足够的高温能使蛋白质受热凝固变性，从而终止微生物的生命活动。例如，细菌在 100℃可迅速死亡，带芽孢菌在 121℃高压蒸汽作用下经过 10～

20min 也会死亡。大多数细菌不耐高温，当温度为 55～70℃时，10～30min 就会失活。相对而言，细菌耐低温的能力反而要强一些，低温只能抵制其生长和繁殖，使部分细菌死亡，却不能使所有细菌完全失活。嗜冷性微生物如霉菌或酵母菌最能忍受低温，即使在 -8℃的低温下，仍然可发现少量孢子出芽。大部分水中细菌也都是嗜冷性微生物，它们在 0℃以下仍能繁殖。个别的致病菌能忍受更低的温度，甚至在 -20℃以下，也仅受到抵制，只有少数死亡。

表 2-2 给出了不同温度下微生物繁殖所需的时间，降低温度会导致微生物体内代谢酶的活力下降，使得物质代谢过程中各种生化反应速率下降，进而使微生物的生长繁殖逐渐减慢。微生物在正常生长繁殖条件下，细胞内各种生化反应总是相互协调一致的。降温时各种生化反应将按照各自的温度系数（即倍数）减慢，但由于各种生化反应的温度系数 Q_{10} 各不相同，因而降温可破坏各种反应原有的协调一致性，进而影响微生物的生活机能。温度降得愈低，生化反应的失调程度也愈大，从而可破坏微生物细胞内的新陈代谢，以致它们的生活机能受到抑制甚至达到完全终止的程度。降低温度还可导致微生物细胞内的原生质体浓度增加，黏度增大，胶体吸水性下降，蛋白质分散度改变，这将对细胞造成严重损害，最终导致不可逆的蛋白质变性，从而破坏生物性物质代谢的正常运行。降低温度也可导致微生物细胞内外的水分冻结形成冰晶，冰晶体的形成促使细胞内原生质或胶体脱水，浓度增加，使其中的部分蛋白质变性；冰晶还会对微生物细胞产生物理损伤，使细胞遭受到机械性破坏。

表 2-2　不同温度下微生物繁殖所需的时间

温度/℃	繁殖时间/h	温度/℃	繁殖时间/h
33	0.5	5	6
22	1	2	10
12	2	0	20
10	3	-3	60

一般情况下，低温不能杀死全部微生物，只能阻止存活微生物的繁殖，一旦温度升高，微生物的繁殖又逐渐旺盛起来。因此要防止由微生物引起的变质和腐败，必须将食品保存在稳定的低温环境中。

第二节 果蔬花卉在冻结时的变化

一、果蔬花卉在冻结时的物理化学变化

1. 冻结时物理变化对果蔬花卉的影响

食品速冻是一个降低食品温度使部分水晶体化成冰的过程。食品速冻的最大应用是为了食品保藏，或是为了延长其贮存寿命。食品速冻的保藏应用，是业已广泛建立起来的，并为消费者所接受的庞大速冻食品行业的基础。低温可减缓在室温甚至冷藏温度下发生的腐败过程。水是食品生物化学变质的促进剂。干燥食品比湿的食品要稳定很多，因为任何存在于干燥食品的水都具有低水分活度（a_w）。速冻以形成冰晶方式从食品基质中除去水分。虽然这些冰晶仍留在食品中，但与食品基质接触的余下的水会随溶质一起浓缩，从而使食品水分活度（a_w）降低。因此，速冻类似于干燥，这就是速冻保藏食品的原理。大多数微生物在水分活度低于 0.7 时停止活动。速冻食品通常含有相当量的水分。

果蔬花卉速冻就是将经过处理的果蔬花卉原料用快速冷冻的方法使水分变成固态冰晶结构，并在低温条件下（通常 $-20\sim-18℃$）保存。果蔬花卉速冻有利于抑制果蔬花卉内部的理化变化和微生物的破坏作用，从而可使产品得以较长期保藏。它比其他加工方法更能保持新鲜果蔬花卉原有的色泽、风味和营养价值，是现代先进的加工方法。在商品供应上一般以速冻蔬菜为主。

速冻处理过程可以导致细胞膜发生变化，使其透性增大，膨压降低，由此可增加细胞膜和细胞壁对水分和离子的通透性。速冻期间，细胞间隙的水分比细胞原生质体中的水分先结冰，原生质体内的冰点下降，处在过冷却状态。过冷却的水比细胞间隙冰晶的蒸气压高，因而细胞内水分向细胞间隙转移，使得细胞间隙的冰晶不断长大。果蔬花卉组织的冰点及冻结过程由其细胞内的可溶性固形物决定。植物组织中冰晶的增长可导致细胞壁、胞间层和原生质体等的不可逆变化和损害，特别在缓冻情况下，可造成细胞壁破裂，组织结构崩解。

在速冻情况下，用显微镜观察番茄薄壁细胞组织，发现细胞内外和细胞壁中存在的冰晶体都是非常细小的，细胞间隙没有扩大，原生质紧贴着细胞壁阻止水分外移，由此可见这种微小的冰晶体对组织结构的影响是很小的。在比较快的解冻过程中观察到其对原生质的损伤也是微小的，质体保存得比较完整，液泡膜有时未受到损害。保持细胞液泡的结构完整对维持细胞内静压是非常重要的，可以防止流汁和组织软化。

果蔬花卉速冻保藏的目的是尽可能地保持其新鲜特性，但在冻结和解冻期间常常可见组织萎蔫，产品的质地和外观与加工前的状态有差异。组织的崩解、软化、流汁等的程度因产品的种类和状况而有所不同，肉质组织中的细胞虽有坚硬的细胞壁，但速冻时在组织中形成的冰晶体可使细胞发生胞壁分离，靠近冰晶体的许多细胞被扭曲和破碎，使细胞内容物流入细胞间隙，解冻后汁液流失。速冻的组织细胞失去水分，解冻后不能恢复其膨胀度和原始体积，细胞间隙增大，细胞之间的接触部分减少。速冻材料未经切面检查时，可以看到每个细胞周围有 3/4 以上的部分与其他细胞接触，而冻结过的细胞与其他细胞接触的部位减少到 1/4。由于果蔬花卉在冻结以后都要进行内外包装才进行冻藏，因此冻藏期间的干缩现象不像冻藏肉那样严重。

经速冻、冻藏、解冻后的果蔬，果肉硬度保存率是衡量这三个环节成功与否的一个重要指标。如，草莓和芒果冻结速率越快，解冻后硬度越大。冻藏温度越低越有利于草莓保持较大的硬度和较高的持水能力。在相同的速冻速率和冻藏温度下，适宜的解冻速率和解冻方式也有利于果蔬花卉保持较好的硬度，这已在胡萝卜上得到了证实。这些归结为果蔬花卉速冻后，分布在细胞内、外的无数细小冰晶体对细胞壁有很小的机械破坏作用，对原生质膜、液泡膜等膜系统的区隔化损伤小；低的冻藏温度不利于冰晶体的迁移和再结晶；适宜的缓慢解冻则有利于胞外冰晶体化为水后能通过仍保持较完好的质膜而渗透回流到细胞内，从而最大程度地维持细胞膨压。但是，不管速冻果蔬花卉的这三个环节做得多么好，其解冻后的硬度都不可能达到速冻前的硬度。番茄冻融后，细胞壁沿着中胶层劈开，胡萝卜总果胶含量增加，均是果肉硬度下降的内因。

2. 冻结时化学变化对果蔬花卉的影响

果蔬花卉原料的降温、冻结、速冻贮存和解冻都可能使其发生色泽、风味、质地等变化，因而影响产品的质量。在冻结和贮存期间，果蔬花卉组织中会积累碳基化合物和乙醇等，产生挥发性异味。原料中含脂质较多的，由于氧化作用也会产生异味。据报道，豌豆、四季豆和甜玉米在速冻贮存中，脂质化合物中的游离脂肪酸等都有显著的增加。褪绿和褐变是果蔬花卉冬藏期间发生的色泽变化。叶绿素转化为脱镁叶绿素，可使果蔬花卉由绿色变为灰绿色，进而影响产品的外观品质，降低其商品价值。酚类物质在酶的作用下发生氧化，可使果蔬花卉褐变，如苹果、梨中的绿原酸、儿茶酸等是多酚氧化酶的主要成分。这种褐变反应迅速，变色快。

冻藏及解冻后果品软化的原因之一是果胶酶的存在使果胶水解，原果胶变成可溶性果胶，使得组织结构分离。

果蔬花卉在速冻贮存中，低温对营养成分有保护作用。但由于原料在速冻前的一系列处理，使原料暴露在空气中的面积大大增加，维生素 C 因氧化而减少。这些化学变化在冻藏中继续进行，只是进行得缓慢而已。如蔬菜保存在 $-12.2℃$ 下，维生素 C 迅速减少，而保持在 $-18℃$ 时，损失就小得多。维生素 B_1 对热敏感，在冻藏中损失很少。维生素 B_2 在速冻前的处理中有损失，但是在冻藏中损失不多。

速冻产品的色泽、风味变化很多是在酶的作用下进行的。酶的活性主要受温度影响，同时也受 pH 值和基质的影响。酶的活性在高温 93℃ 左右被破坏，而温度降至 $-73℃$ 时还有部分活性存在，食品速冻对酶的活性只是起到抑制作用，温度越低，时间越长，酶蛋白失活程度越重。酶活性虽然在速冻冷藏中显著下降，但是并不说明酶完全失活，在长期冷藏中，酶的作用仍可使果蔬花卉变质。当果蔬花卉解冻后，随着温度的升高，仍保持活性的酶将重新活跃起来，加速果蔬花卉的变质。因此，速冻果蔬花卉在解冻后应迅速食用和使用。

研究表明，酶在过冷状况下，其活性常被激发。因此，在速冻以前常采用一些辅助措施破坏或抑制酶的活性，例如速冻以前采用的烫漂处理、浸渍液中添加抗坏血酸或柠檬酸以及前处理中采用硫处理等。

果蔬花卉原料中加入糖浆对速冻产品的风味、色泽也有良好的保护作用。糖浆涂布在果蔬花卉表面既能阻止其与空气接触，减少氧化，也有利于保护果蔬花卉中挥发性酯类的香气，对酸性果实则可增加其甜味。速冻加工中常将抗坏血酸和柠檬酸溶于糖浆中提高其保护效果。

果蔬花卉的风味是甜味、酸味及许多挥发性化合物的综合。慢速速冻的草莓，冻后 1 周之内就能检测出异味，这是由于速冻及冻藏造成了果肉中挥发性酯类物质的不平衡。冻藏在 $-20℃$ 的草莓，风味流失是由于分解酶造成了酯分解及其成分扩散，而冻藏在 $-80℃$ 和 $-40℃$ 的草莓，酯含量没有改变。杨梅在冻藏时产生的异味，原因在于冻结后杨梅中的芳香油与羰基类化合物的平衡受到破坏。

冻藏果蔬花卉风味的流失主要与过氧化物酶有关，并且草莓风味的变化与果肉颜色的变化是同步的或稍微滞后的。由此可知，速冻速率、果肉中过氧化物酶及多酚氧化酶活性、抗坏血酸含量、包装容器中氧气含量、冻藏温度等因素都可能影响果肉风味的变化。

在冻藏过程中，除了因制冷剂泄漏造成变色（例氨泄漏时，胡萝卜的橘红色会变成蓝色，洋葱、卷心菜、莲子白色会变成黄色）外，其他凡在常温下发生的变色现象，在冻藏过程中都会发生，只是进行的速度十分缓慢。在冻藏期间，果肉褪色或褐变主要是多酚氧化酶和过氧化酶引起的。冻藏在 $-8℃$ 环境中的樱桃，由于花青素、单宁及其类似物的酶促氧化造成了果肉褪色褐变。贮藏在 $-11.4 \sim 4.7℃$ 的草莓，随着冻藏时间增加，果肉红色急速地直线下降。冻藏在 $-80 \sim -20℃$ 的草莓，贮藏 6 个月后花青素含量下降了 $66.1\% \sim 80.4\%$。研究表明，冻藏草莓的褪色不仅与氧化酶的活性、贮藏温度有关，而且还与贮藏环境及包装容器中氧气含量有关。冻藏桃片果肉褐变率与包装容器中果肉净重量成正比，即与包装容器顶隙中氧气含量成正比。Guadagni 等证明，果肉褐变与该品种果肉中多酚氧化酶活性有关，也与单宁总量及其可氧化单宁量有关。冻藏芒果片的类胡萝卜素保存率在不同的包装材料中有极显著差异，也说明充足的氧气有助于单宁及其类似物发生酶促氧化褐变。

植物细胞的表面有一层以纤维素为主要成分的细胞壁，缺乏弹性。当植物细胞冻结时，细胞壁就会胀破，在氧化酶的作用下果蔬花卉类食品容易发生褐变，所以蔬菜在速冻前一般要进行烫漂处理，破坏过氧化酶，使速冻蔬菜在冻藏中不变色。如果烫漂的温度与时间不够，过氧化酶失活不完全，绿色蔬菜在冻结过程中会变成黄褐色；如果烫漂时间过长，绿色蔬菜也会发生褐变，这是因为蔬菜叶子中含有的叶绿素减少，变成脱镁叶绿素，此时叶子就会失去绿色而呈黄褐色。酸性条件会促进该变化，蔬菜在热水中烫漂时间过长，蔬菜中的有机酸溶入水中使其变成酸性，会促进发生上述变色反应。

所以正确掌握蔬菜烫漂的温度和时间，是保证速冻蔬菜在冻藏中不变颜色的重要环节。

还原型抗坏血酸保存率、还原型抗坏血酸含量、脱氢型抗坏血酸含量和氧化型抗坏血酸含量的比值均是反映速冻果蔬花卉质量好坏的重要指标。在速冻过程中，草莓抗坏血酸的损失是冻前延时和自动氧化造成的。冻藏温度高于−18℃，随着冻藏天数增加，还原型抗坏血酸含量下降，脱氢型和氧化型抗坏血酸含量上升。冻结的草莓在低温（1.7℃）下解冻72h后，抗坏血酸含量的损失多于在较低温度（4.4~10℃）下解冻24h和在室温解冻5h。包装在三种不同透氧材料中的慢速速冻（−20℃）芒果片，冻藏（−12℃）一年后，抗坏血酸保存率相差0.65~3.8倍，这主要是由果肉中溶解的氧气和包装容器顶隙中的氧气造成的。速冻果蔬花卉抗坏血酸含量损失，除了自动氧化、较高的冻藏温度和氧气的作用外，还可能与速冻果蔬花卉自身抗坏血酸含量、酸度、添加糖液、抗坏血酸氧化酶、多酚氧化酶、细胞色素氧化酶、过氧化物酶、光照、金属（如铁、铜）等因素有一定的关系。桃果肉抗坏血酸含量与褐变的桃片数呈负直线相关关系。添加糖液或糖粉能降低草莓抗坏血酸含量的损失。

二、果蔬花卉在冻结时的组织变化

蔬菜、水果、花卉类植物性食品在冻结前一般要进行烫漂或加糖等处理工序，这是因为植物组织在冻结时受到的损伤要比动物组织大。植物细胞的构造与动物细胞不同，植物细胞内有大的液泡，它使植物组织保持高的含水量，结冰时对细胞的损伤大。植物细胞的细胞膜外还有以纤维素为主的细胞壁，而动物细胞只有细胞膜，细胞壁比细胞膜厚又缺乏弹性，冻结时容易被胀破，使细胞受损伤。此外，植物细胞与动物细胞内的成分不同，特别是高分子蛋白质、糖类含量不同，有机物的组成也不同。由于这些差异，在同样的冻结条件下，冰结晶的生成量、位置、大小、形状不同，造成的机械损伤和胶体损伤的程度也不同。

新鲜的水果、蔬菜、花卉等植物性食品是具有生命力的有机体，在冻结过程中其植物细胞会被致死，这与植物组织冻结时细胞内的水分变成冰结晶有关。当植物冻结后，可因氧化酶的活性增强而褐变。为了保持原有的色泽，防止褐变，蔬菜在速冻前一般要进行烫漂处理，而动物性食品因是非活性细胞则不需要此工序。冻结对植物组织结构有不利影响，如造成组织破坏，引起软化、流汁等，一般认为不是低温的直接影响，而是由于冰晶体的膨大而造成的机械损伤。快速冻结产品质量较好，因其形成的冰晶体数量较多，体积小，而且是让水分在细胞内原位冻结的，冰晶体分布均匀，因此能避免组织受到损伤，对原生质的损害也极微，结构保存较完整，细胞膜有时未损伤，可以防止流汁和组织软化。

三、速冻对果蔬花卉中微生物的影响

"民以食为天，食以安为先"，一直以来食品安全都是世界各国需要谨慎面对的要害问题，其不仅涉及整个人类社会的健康，影响社会经济和发展，严重时可导致贸易战和政治后果。随着贸易全球化的快速发展，区域性安全问题很有可能快速发展为全球性问题。

为保证食品安全，企业需提高内部管理水平，建立成熟的管理体系，在生产中对每一个环节进行评价，以保证产品质量安全的一致性。为有效解决食品安全问题，世界各国已做出了努力，各种安全体系应运而生，如危害分析与关键控制点（HACCP）、英国零售业联盟审核标准（BRC）、国际食品标准（IFS）、欧盟良好农业操作规范（Eurep GAP）等。虽然标准的制定一定程度上对食品安全有了帮助，但是却对国与国之间的食品贸易产生了障碍。国际标准化组织（ISO）整合了上述多项安全体系及 ISO9001：2000 的部分条款，于 2005 年 9 月份正式出版了 ISO22000 食品安全管理体系（Food Safety Management system，FSMS），其在预防与控制食品从原料生产、加工储运到最终销售等整个过程中引入食品安全评估，通过危害分析对关键控制点进行有效控制来进行事前预防，通过应急预案和产品召回程序进行事后补救，以最大限度地降低风险。该标准的制定是对各国现行食品安全管理标准和法规的整合，有利于消除国际食品贸易中安全壁垒，可促进国际食品贸易的发展，同时可帮助生产企业提高自身安全管理水平，确保消费者安全。

1. 温度对微生物的影响

（1）低温　每种微生物都有一定的正常生长和繁殖的温度范围。温度越低，其活动能力越弱。降低温度就能减缓微生物生长繁殖的速率。当温度降到最低生长温度时，微生物就停止生长并出现死亡。大多数嗜温菌和嗜冷菌的最低生长温度都在0℃以下，在此低温下微生物的生长速率极为缓慢。稍低于最低生长温度或冻结温度时对微生物的威胁最大，尤其是在−5～−2℃最为明显。

（2）降温速度　缓慢冻结导致大量微生物死亡，而速冻过程中微生物死亡数仅为原菌数的一半，这是因为在缓慢冻结时食品长期处于−12～−8℃，特别是在−5～−2℃时形成大颗粒的冰晶对细胞的机械破坏作用较强，还可使蛋白质变性。快速冻结时食品处于−5～−2℃的时间很短，温度很快降低到−18℃，能及时终止细胞内酶的反应和胶体变性，因此微生物死亡率相对降低。

速冻不是杀菌措施，并不能完全杀死微生物，即使长久在低温下它们会逐渐死亡，但往往还有生存下来的（尤其是污染严重的产品）。在冻藏的条件下，幸存的微生物会受到抑制，但解冻时在室温下会恢复活动。因此速冻食品的冻藏温度一般要求低于−12℃，通常都采用−18℃或更低温度。当速冻食品解冻后并在解冻状态下长时间存放时，腐败菌可能会繁殖起来，足以使食品腐败，也可能使不安全的微生物繁殖起来，产生相当数量的毒素，使食品食用不安全。保证速冻食品安全的关键有：避免加工品与原料的交叉污染；在加工过程中坚持卫生的高标准；在加工流水线上避免物料积存和时间拖延；保证速冻产品在合适的低温下贮藏；食品解冻后尽快食用。

（3）低温对酶的影响　酶最适宜的温度在30～40℃。若超过适宜活动温度时，酶的活性开始受到破坏或被削弱。有些酶如脱氢酶在冻结时活性受到强烈抑制。但大多数酶，如酯酶、脂肪氧化酶、过氧化酶、果胶酶等在冻结的过程中仍继续活动。故降温虽然减缓了生化反应，但并没有使酶的活性钝化。一般将温度控制在−18℃以下，酶的活性才受到较大的抑制。低温能降低酶的活性，故能使蔬菜的保鲜时间延长，延缓腐败变质的时间。但温度愈低，贮藏期愈长的规律并不是对所有原料都适宜，如土豆在温度过低时糖分氧化的速度比淀粉转化成糖的速度慢，易出现土豆变甜的生理性病害。

蔬菜经过冻结后解冻，在解冻过程中酶的活性恢复，甚至比新鲜产品还高。为了将冻结和解冻过程中引起的食品不良变化降到最低限度，经常对蔬菜原料进行预煮等处理以破坏酶的活性。

优良速冻食品应具备以下五个要素：

① 冻结要在−30～−18℃的温度下进行，并在 20min 内完成冻结。

② 冻结后的果蔬花卉中心温度要达到−18℃以下。

③ 速冻食品内水分形成无数针状小冰晶，其直径应小于 $100\mu m$。

④ 冰晶体分布与原料中液体水的分布接近，不损伤细胞组织。

⑤ 当果蔬花卉解冻时，冰晶体融化的水分能迅速被细胞吸收而不产生汁液流失。

2. 与果蔬花卉相关的微生物

与蔬菜相关的多种微生物均来源于土壤。冷冻前，需要使用清水对蔬菜进行清洁，以洗掉表面附着的土壤和碎屑，然后再进行分切。对果蔬冷冻前进行焯水处理，不仅可起到使细胞内氧化酶失活的作用，同时可抑制植物细胞壁的特性，另外也对微生物（如感染性细菌）有着显著的影响。但是后续的处理和冷冻，仍可能发生微生物污染。即便存在微生物污染，冷冻果蔬也无需认定为高危险性食物，这是因为在低温环境下有害病原菌难以有效增殖，并且最后还要经过烹饪环节。大肠杆菌、真菌等微生物很容易在果蔬表面检测到，同时也可作为衡量果蔬质量的指标。而乳酸杆菌的数量指标最高，通常在 $10^1 \sim 10^5 CFU/g$（CFU 为菌落形成单位）。

另外作物表面也会发现大量用作杀虫剂的苏云金杆菌（*Bacillus thuringiensis*）的孢子。这种杆菌与蜡样芽孢杆菌的亚种相近，可对蛋白晶体造成伤害，用作控制虫害的杀虫剂。需要注意的是用于杀虫剂添加时，须避免加入产生肠毒素的芽孢菌株系。这是因为苏云金杆菌与蜡样芽孢杆菌在形态学上不易区分，现实中两者常混在一起，使用含有蜡样芽孢杆菌的杀虫剂会产生严重的后果，如导致腹泻的发生。

大多数水果在冷冻前选择在成熟后进行采摘，因为经过处理后果实失去了熟化条件。另外冷冻果实一般解冻后即食用，不经过烹饪。这就需要将果实的微生物威胁降低到最小。一般与水果相关的微生物有以下几种：霉菌、酵母菌、原生动物、病毒和细菌。水果通常需进行清洗（如氯洗），但有些水果质地软，对加工非常敏感，容易产生破损，加工时应小心。在加工过程中，有些水果会被人采摘、分类，很容易被人体携带的病原菌侵染。与蔬菜不同的是，焯水处理很少用于水果的冷冻前处理，除非需要进一步的深加工，如烘焙。

3. 速冻对果蔬花卉微生物的作用

细菌总数和大肠菌群是评价食品卫生质量的细菌污染常用指标。果蔬中细菌总数是判断食品清洁状况的标志，并可用于预测货架期及耐储性。果蔬中含有微生物的数量越多，食品腐败变质的速度越快，货架期就越短，对果蔬的品质影响也越严重。低温对微生物有抑制或致死作用，尤其是$-1 \sim -5℃$（最大冰晶形成带），致死率最高；在$-18℃$几乎可以阻止所有微生物的繁殖。

大肠杆菌包括肠杆菌科的埃希菌属、柠檬酸杆菌属和克雷伯菌属，是我国及大多数国家常用的食品卫生质量鉴定指标。食品中检出大肠杆菌说明曾受到人和动物粪便的污染。但是大肠杆菌为嗜中温菌，在$5℃$以下不能生长，所以对冷冻食品质量鉴定而言可能并不适用。

乳酸杆菌是影响冷冻蔬菜最直接的微生物，其不受冷冻、冷藏与解冻的影响。细菌孢子也基本不会被冷冻破坏。影响冷冻水果品质最明显的微生物是霉菌和酵母菌。霉菌和酵母菌更能忍受酸性pH值环境，并且在繁殖过程中可生成酸性物质，而正常的pH值是植株正常生长发育所必需的。具有传染性的病原菌则相对易受低温破坏。

我国食品企业经过近20年快速发展，在世界食品贸易的很多领域都占有一席之地。如冷冻蔬菜等产品出口韩国、美国、欧盟、日本等，而且出口量呈逐年递增。出口企业往往需要在生物安全方面投入巨大的人力、物力、财力，即便如此也往往无法避免微生物超标的现实。以冷冻葱为例，通常未按照标准冷冻的产品，其细菌总数可达到几万甚至是几十万，需要通过辐照处理方能达标出厂，这样不仅增加了成本，而且对于出口型企业，发达国家往往不允许进口辐照后的产品，只能内销，造成严重的经济损失。

污染发生的主要原因有以下几个方面：

（1）加工环节无法避免无菌　以大蒜为例，传统的大蒜加工中，需去皮，这需要人工手剥，有的企业为了降低成本，往往直接采买去皮蒜。上述的情况造成了蒜加工过程延长，环境卫生难以控制，细菌总数在后期抽查中可达到$3 \times 10^5 \sim 6 \times 10^5$个/g。在改革开放的初期，卫生条件简陋严重影响了我国食品出口贸易。近年来，加工企业开始采取机器处理的方式，利用压缩气体去皮，可大大减少细菌总数，提高食品质量和即食性。

（2）加工工序不连贯，加工时间长是造成微生物迅速滋生蔓延的重要原

因　人工处理造成了效率低下、环节多、加工时间长等问题，使得污染加重，微生物含量超标。同时我国食品加工连续性差，各个环节的转化无法做到无痕对接。这与诸多因素有关，如生产园区厂房的设计，流通环节、生产中各设备的设计和安放，生产管理及人员素质等。

（3）加工企业不认真执行质量安全体系

大多数企业面对微生物污染问题，虽设立了杀菌工序作为关键控制点，而且一般采用次氯酸钠浸泡杀菌，但在具体操作过程中，往往因忽略了其他步骤的无菌控制，造成产品微生物数值偏高。另外卫生操作人员在执行时操作不到位，操作规范没有认真执行也是造成微生物滋生的重要原因。如加工用水的干净程度，加工台面、器具是否清洁消毒到位，操作员工自身清洁是否彻底等，都会对微生物控制造成影响。

现实中，企业自身实验室自检自控能力差，造成微生物不能有效控制，无法从各个环节帮助企业提高生产加工能力。

四、温度对酶促反应的影响

1. 由酶的作用引起的食品变质

酶是一种特殊蛋白质，是加速生化反应速率而不消耗自身的生物催化剂。每一种酶只能催化小范围的某些反应，有时甚至只能催化一种反应，例如淀粉酶只对淀粉有催化作用，蛋白酶催化蛋白质的分解，脂肪酶可以使油脂和含油的某些食品分解。酶的这种性质称为"特异性"。酶与被作用基质结合形成一定的中间产物后，基质分子内键的结合力便会减弱，使得基质分子所需要的反应活化能降低，因而可大大加快生化反应。

许多果蔬花卉在储藏、加工及销售过程中易发生褐变，不仅影响果蔬花卉的价值，而且也降低了其内在品质。目前，普遍认为引起果蔬花卉褐变主要有两方面原因：酶促褐变和非酶促褐变。酶促褐变是指组织中的酚类物质在酶的作用下氧化成醌类，醌类聚合形成褐色物质而导致组织变色。非酶促褐变是指不需要经过酶的催化而产生的一类褐变。非酶促褐变是果蔬花卉产品在储藏中发生的主要褐变反应。

2. 温度对酶促反应的影响

温度对酶促反应的影响比较复杂。一般来讲，温度对酶促反应的影响具有双重性，主要体现在：一是温度对酶促反应本身的影响，包括影响最大反应速率，影响酶与底物的结合，影响酶与抑制剂、激活剂或辅酶的结合，影响酶与底物分子的解离状态等；二是温度对酶蛋白稳定性的影响，即温度对酶蛋白具有热变性失活作用。也就是说，一方面，像一般化学反应一样，温度升高活化分子数就增多，反应速率就加快；另一方面，温度升高会使酶蛋白的活性降低甚至变性失活，从而使反应速率降低。结合上述两个因素的影响，只有在某一温度时，酶促反应速率才能达到最大，此时的温度称为酶的最适温度。但是，酶的最适温度并不是酶的特征性物理常数，一种酶的最适温度通常不是完全固定的，它与反应时间长短有关，反应时间增长时，最适温度向数值较低的方向移动。此外，最适温度还与底物浓度、反应 pH、离子强度等因素有关。大多数植物酶的最适温度为 50~60℃。在最适温度时，酶的催化作用最强。随着温度的升高或降低，酶的活性均下降。一般来讲，在 0~40℃范围内，温度每升高 10K，反应速率将增加 1~2 倍。一般最大反应速率所对应的温度均不超过 60℃。当温度高于 60℃时，绝大多数酶的活性急剧下降。过热后酶失活是由于酶蛋白发生变性的结果。而温度降低时，酶的活性也逐渐减弱。

由此可见，在低温区间，降低温度可以降低酶促反应速率，因此食品在低温条件下，可以抵制由酶的作用而引起的变质。低温储藏时温度要根据酶的品种和食品的种类而定，对于多数食品，在 -18℃低温下储藏数周至数月是安全可行的；而对于含有不饱和脂肪酸的多脂鱼类等食品，则需在 -25~-30℃低温中储藏，以达到有效抵制酶的作用的目的。酶活性虽在低温条件下显著下降，但并不是完全失活。因此，低温虽然能抵制酶的活性，但不能完全阻止酶的作用，长期低温储存的食品质量可能会由于某些酶在低温下仍具有一定的活性而下降。当食品解冻后，随着温度的升高，仍保持活性的酶将重新活跃起来，加速食品的变质。

基质浓度和酶浓度对催化反应速率影响也很大，一般说来，基质浓度和酶浓度越高，催化反应速率越快。食品冻结时，当温度降至 -1~-5℃时，有时会出现其催化反应速率比高温时快的现象，其原因是在这个温度区间，食品中的水分有 80% 变成了冰，使未冻结溶液的基质浓度和酶浓度都相应增加了。因此，快速通过这个冰晶生成带不但能减少冰晶对食品的机械损伤，同时也能减少酶对食品的催化作用。

在低温条件下，微生物作用和氧化作用对食品质量的影响相对较小，而酶的作用影响相对较大。

3. 温度对氧化反应的影响

引起食品变质的化学反应大多是由于酶的作用，但也有一些化学反应不直接与酶有关，氧化作用是影响食品品质的又一主要因素。食品氧化作用包括非酶褐变、维生素氧化分解和色素氧化褪色或变色等。非酶褐变的主要反应是羰氨反应；维生素氧化分解反应主要有维生素 C（抗坏血酸）降解反应、维生素 B_1（硫胺素）降解反应以及 β-胡萝卜素的裂解等；色素氧化变色的反应主要有叶绿素脱镁反应和类胡萝卜素的氧化褪色。

例如，维生素 C 对氧化反应高度敏感，热和光均可加速氧化反应。维生素 C 很容易被氧化成脱氢维生素 C，若脱氢维生素 C 继续分解生成二酮古洛糖酸，则失去维生素 C 的生理作用。番茄红素由八个异戊二烯结合而成，由于其中有较多的共轭双键，故易被空气中的氧所氧化。胡萝卜素也发生类似的氧化作用。降低食品储藏温度，可减弱各类氧化反应速率，从而可延长食品的储藏期限。

4. 温度对呼吸作用的影响

对于植物性食品来说，影响衰老过程的主要因素是呼吸作用，植物性食品腐败变质进程主要取决于呼吸作用。水果、蔬菜、花卉在采摘后储藏时，虽然不再继续生长，但仍是一个具有呼吸作用的生命体。一方面，呼吸过程中的氧化作用，能够把微生物分泌的水解酶氧化而使其变成无害物质，使水果、蔬菜、花卉的细胞不受毒害，从而阻止微生物的侵入，因此，果蔬花卉在储藏中能控制机体内酶的作用，并对引起腐败、发酵的外界微生物的侵入有一定的抵抗能力。另一方面，它们采摘后仍然是活体，要进行呼吸作用，但不再像采摘前那样能够从母株上得到水分及其他营养物质，只能消耗体内的物质并逐渐衰老变成死体。果蔬花卉采后仍然发生一系列的生化反应和生理变化，要长期储藏植物性食品，就必须维持它们的活体状态，同时又要减弱它们的呼吸作用。

果蔬花卉的呼吸作用就是把细胞组织中复杂的有机物质逐步氧化分解成为简单物质，最后变成二氧化碳和水，同时释放出能量的过程。果蔬花卉的呼吸作用分有氧呼吸和缺氧呼吸两种方式。

果蔬花卉在正常环境中（即氧气充足条件下）所进行的呼吸称为有氧呼吸。有氧呼吸的实质是在酶的催化下消耗自身能量的氧化过程，该过程中细胞组织中的糖、酸被充分分解为二氧化碳和水，并释放出大量的热能。

多数果蔬花卉的 Q_{10} 为 2～3，即温度上升 10K，化学反应速率增加 2～3 倍。表 2-3 是部分果蔬的 Q_{10} 值，可见，0～10℃间温度变化对呼吸速率的影响较大。

降低温度能够减弱水果蔬菜类食品的呼吸作用，延长它们的储藏期限。但温度不能过低，温度过低会引起植物性食品的生理病害，甚至将它们冻死。因此，储藏温度应该选择在接近冰点但又不致使植物发生冻死现象时的温度。如能同时调节空气中的成分（氧、二氧化碳、水分），会取得更好的储藏效果，这种改变空气成分的储藏方法叫气调储藏（CA 储藏）。气调储藏目前已广泛用于水果蔬菜的保存中，并已得到良好的效果。

表 2-3　不同温度下水果呼吸速率的温度系数（Q_{10}）

种类	0～10℃	11～21℃	16.6～26.6℃	22.2～32.2℃	33.3～43.3℃
草莓	3.45	2.10	2.20		
桃子	4.10	3.15	2.25		
柠檬	3.95	1.70	1.95	2.00	
橘子	3.30	1.80	1.55	1.60	
葡萄	3.35	2.00	1.45	1.65	2.50

第三节　果蔬花卉加工各环节对营养含量的影响

就营养含量而言，蔬菜与水果并没有一个清晰的界定。日常对于水果和蔬菜是按照是否需要烹饪的习惯来区分的。在"水果和蔬菜"的种类下，人类通常食用的部位包含植物的根、茎、叶、果实、种子和花。

冷冻果蔬花卉可以提供如维生素 A、维生素 C、B 族维生素、纤维素、不饱和脂肪酸和矿物质钾、镁等最重要的营养元素。总之，可食用的蔬菜、水果和花卉提供了人类必需的植物营养物质，保证了人类的健康。

相对于新鲜果蔬花卉，冷冻后的果蔬和花卉在矿物质和纤维含量等方面没有显著区别。然而有报道指出针对特定水果，其纤维特性在冷冻后有显著变化。例如芒果，其纤维素、半纤维素和木质素含量在冷冻 12 个月后降低了 50%。

一、作物品种和采摘时期的选择

为了提高果蔬花卉储存质量，需要对作物栽培和采摘时间进行甄选。采摘时间对营养水平有着重要影响。例如，用于罐装梨的采摘相较于冷藏的梨，通常会在更加熟化的阶段采摘，其维生素 C 含量降低了大约 10%。栽培方式的选择也对果蔬花卉营养在加工过程中的损失有一定影响，反映在不同栽培方式对果蔬花卉形态和强度的影响上。采摘时，需确保选择果蔬花卉新鲜、无病虫害、无变色变味。采摘过程中轻拿轻放，避免机械损伤或其他伤害，尽量保证形态完整，以利于清洗及预处理。

二、采后处理

果蔬花卉在采摘后仍会保持很高的代谢活性，在加工过程中所发生的物理和生理学变化可能会导致一系列的代谢反应。果蔬花卉采后的相对不稳定性，可能会导致某些维生素水平的明显快速减少。

果蔬花卉采后营养水平的下降幅度，取决于采摘方式、清洗、切割和去皮步骤，以及储藏的条件和时长。为了保证新采摘的果蔬花卉营养不丢失，需保证焯水和冷冻时间最短，以减少机械损伤。机械损伤所导致的果蔬花卉细胞水解酶的释放对营养水平有着显著影响。例如果蔬花卉提供了人体所需的维生素 C，但是其很容易氧化，源于植物组织中富含的抗坏血酸氧化酶（AAO）。预冷冻会导致例如挫伤、萎蔫以及流汁，进而导致抗坏血酸氧化酶与底物的接触，显著增加氧化速率。菠菜在预先采摘并于环境温度储藏 2 天后，其维生素 C 水平降低了 50%。

在速冻环节前，蔬菜往往需要经过切分处理，此环节是影响营养含量流失的重要因素。速冻切分蔬菜在欧美等各型超市都占有很大的市场份额。新鲜蔬菜经过分级、整理、挑选、清洗、切分、保鲜和包装等一系列处理后，即成切分蔬菜。这类产品又可分为最少加工蔬菜、轻度加工蔬菜、生鲜袋装蔬菜等。消费者在购买此类产品后无需再做进一步的加工，可直接食用或烹饪，具有清洁、卫生、方便等特点。

然而蔬菜在切分后，会导致呼吸作用和代谢反应加剧，使品质迅速下降。这是由于切割所造成的机械损伤可导致细胞膜破裂、细胞器中各类氧化酶与底物结合，使切分表面木质化或褐变，进而使蔬菜失去新鲜产品特征，极大地降低了蔬菜的商品价值。蔬菜经切分后维生素、总糖、总酸、色泽等都会发生改变。切分大小也是影响切分蔬菜品质的重要因素，切分越小、切分截面越大，保存性越差，生理指标变化越明显。同时刀刃的消毒及锋利都与所切蔬菜的保存有着很大关系。对刀刃进行日常保养及打磨，可使蔬菜保存时间变长，钝刀切割的蔬菜，切面受伤大，容易引起变色和腐败。

同时切分蔬菜洗净后，相对于未清洗的蔬菜，更容易发生腐败老化。一般会采取离心机脱水，转速过高过分脱水容易使蔬菜干燥枯萎，反而使品质下降。因此离心机转速及时间需适宜。如切分甘蓝的处理时间为20s，转速2800r/min。

切分后的蔬菜暴露于空气中，会发生萎蔫、切面褐变，在速冻前需要采取一定的保护措施，如包装，来减少蔬菜与空气的接触和控制失水。包装材料的选择，厚薄或透气率大小、真空度选择依切分蔬菜种类而不同。不同的蔬菜需选择适宜的真空度。如马铃薯过氧化酶含量高，极易发生褐变，影响品质和色泽，需采用较高的真空度包装。切分鲜马铃薯经真空包装，其货架期可达1周以上。而若针对甘蓝采取较高的真空度，易发生无氧呼吸，产生腐败气味，需选择适宜的真空度，约0.02～0.04MPa。

整个过程中采取冷链操作可以减少加工过程中果蔬的营养物质流失。采摘后立即预冷（2h内使温度降至7℃以下），清洗用水也需保持在10℃以下，冷藏温度在5℃以下。

花椰菜的切分工艺：

（1）花椰菜的切分工艺流程　原料选择→去叶→浸盐水→漂洗→切小花球→护色→包装→速冻→运销。

（2）操作要点

① 原料选择。要求花色鲜嫩洁白、花球紧密结实、无异色、无斑疤、无病虫害。

② 去叶。使用小刀去菜叶，削除花球表面霉点、异色部位，按照色泽分类，分为白色和乳白色。

③ 浸盐水。在2%～3%盐水中浸泡10～15min，以驱净小虫。

④ 漂洗。使用清水漂洗盐分和其他杂物。

⑤ 切小花球。先从茎部切下大花球，再分割小花球，茎部切削要求平整，小花球直径 3～5cm，茎长 2cm 以内。

⑥ 护色。切分完成后，将花球投入 0.2％异维生素 C、0.2％柠檬酸、0.2％氯化钙混合溶液浸泡 15～20min。

⑦ 包装。使用 PA/PE 复合袋抽真空包装，真空度为 0.05MPa，预冷至 0～1℃。

表 2-4 所示为蔬菜切分规格。

表 2-4　蔬菜切分规格

蔬菜名称	形状类型	规格	备注
圆葱	圆葱丝	长 6cm，宽 0.2cm	
青椒	青椒丝	长 6cm，宽 0.2cm	切制时去掉籽、筋
	青椒片	长 2.5cm，宽 1.5cm，菱形片	
胡萝卜	胡萝卜丝	长 6cm，宽 0.2cm	切制时需先去皮、清洗
	胡萝卜片	长 2.5cm，宽 1.3cm，厚 0.1cm，菱形片	
红椒	红椒片	长 2.5cm，宽 1.5cm，菱形片	切制时去掉籽、筋
大头菜	大头菜片	长 7cm，宽 3cm，斜度 3.5～4cm，菱形片	

三、焯水处理

果蔬花卉细胞内部含有多种氧化酶类，极易引起变色、氧化和品质恶化等反应，即使是在冻结条件下酶仍具有一定活性。在冷冻果蔬花卉解冻复温后，酶的氧化活性变得更加剧烈，会快速导致褐变和品质下降。

因此大多数蔬菜和一部分水果需要在冷冻前经过焯水处理，一般使用热水或蒸汽，目的是使果蔬花卉中含有的酶失去活性。

焯水的主要目的是在冷冻处理前降低酶促氧化反应。虽然焯水处理也可以帮助减少微生物的威胁，但控制微生物也可通过其他处理达到目的。如，更科学的种植方式或氯水清洗。以花椰菜和菠菜为例，使用焯水处理的优势在于：若冷冻前不经过焯水处理，在几个月的冷藏后便无法食用，源于细胞膜脂质的氧化。但若冷冻前先焯水处理，上述蔬菜可以保证 18～24 个月的货架期。焯水处理可以确保消除酶的活性，降低氧化反应，减少果蔬花卉营养和质量的丢失。通常将易溶于水的抗坏血酸作为测量焯水后营养丢失的指标。一般蔬菜抗坏血酸含量在焯水处理后会降低5%～40%，造成损失的主要原因是焯水处理过程中其溶解于水中。若果蔬在焯水前未有损伤，则营养物质的流失可以减少到最低。

焯水烫漂处理除了能破坏酶活性，减少微生物威胁，也起到以下一些作用：排除组织中部分空气，从而使果蔬花卉冻结时产生的冻结膨胀压减小，使冻藏时氧化反应降低；排除部分水分，缩小整体体积，有利于包装；除去表面不良氧化产物（可漂白部分变色的果肉），溶出果肉中的红色素，改善果块色泽。

工业焯水处理通常加热至95～100℃，3～10min，具体焯水操作时间及温度取决于品种、原料大小和质地。焯水烫漂后，应立即用冷水或冷风将果蔬花卉冷却到10℃左右。

四、冷藏

在类似的处理方法和储藏环境条件下，果蔬花卉的抗坏血酸含量有着很大差异，在冷藏1年后含量差别可达到大约40%，这很可能同焯水处理未完全使氧化酶失活有关。因此，若果蔬花卉在冷冻前经过焯水处理使酶完全失活，在合适的冷冻条件下，在12～18个月后仍可以保持一定的营养水平。

未经过焯水处理的果蔬花卉，有可能会经历某些代谢途径进而影响营养水平。在冷冻过程中冰晶的形成造成果蔬花卉细胞破损，使得AAO可以与底物接触，进而发生氧化反应。上述原理解释了混合果汁橙子-萝卜在冷冻条件下保存4个月后，其维生素C含量的下降。

有很多因素决定了在冷冻前是否需要进行焯水处理。蔬菜一般都需要焯水处理，这是因为其含有很高水平的脂氧合酶和其他类型的氧化酶，这些酶可以在冷冻过程中快速地降低蔬菜风味，并导致腐败。另外，焯水还有着减少终端消费者烹饪时间的优势，提供了更好的便利性。但是对于某些水果、蔬菜或花卉而言，焯水处理并非最好的选择，因其破坏了果蔬花卉的结构和外观。对于某些水果，特别是浆果，通常在冷冻条件下并不产生腐败的味道，故而在确保没有微生物污染的情况下，可以省去焯水环节。但是，因细胞中酶的活性及结构未被破坏，在冷冻储藏环境下，营养物质水平如维生素

C不可避免地会发生降解。减少上述损耗的一种方法，就是缩短储藏时间。综上所述，因不同果蔬花卉之间结构及特性的差异，造成无法制定绝对一致的前处理流程。未被研究过的果蔬花卉被冷冻前，需要先进行焯水和营养损耗测试，继而选择合适的冷冻流程。

冷冻贮藏可以维持蔬菜的亚硝酸盐含量。亚硝酸盐是强致癌物亚硝胺的前体物质。蔬菜种植业中为了提高产量，广泛使用化肥，特别是化学氮肥，造成蔬菜中的硝酸盐残留过大。硝酸盐对人体虽没有危害，但其可以在硝酸盐还原酶的作用下转变为亚硝酸盐，危害人体健康。经过储存的蔬菜或烹煮后长时间放置的食物中往往含有大量的亚硝酸盐。而蔬菜在冷冻前无法保证做到绝对无菌，因此在初期微生物和酶具有很强活力的条件下，蔬菜中的亚硝酸盐含量升高。随着温度的降低和冷藏温度变化很小，亚硝酸盐含量会处于平稳的状况。同时消费者在处理冷冻蔬菜时，需要注意尽量做到在解冻后即刻烹饪，防止恢复活力的氧化酶和微生物继续生成类似物质。

第四节 果蔬花卉速冻加工原理、工艺过程和方法

一、果蔬花卉速冻加工原理

果蔬花卉腐败变质的主要原因是微生物（细菌、酵母菌和霉菌）的生长繁殖和果蔬内部酶活动引起的生化变化，因此抑制微生物及酶的活性是果蔬花卉保藏的主要手段。许多试验资料表明，低温可以抑制微生物和酶的活性，一般细菌在$-10\sim-5℃$，酵母菌在$-12\sim-10℃$，霉菌在$-18\sim-15℃$下生长极为缓慢，故而控制温度在$-10℃$以下，可以有效抑制微生物的活性。但对于酶而言，不少酶耐冻性较强，如脂肪氧化酶、过氧化物酶、果胶酶等在冻结的果蔬花卉中仍继续活动，只有将温度控制在$-18℃$以下，酶的活性才受到较大的抑制。

通过快速冷冻在短时间内排出果蔬花卉的热量，使其迅速达到$-18℃$以下，可使果蔬花卉细胞内外形成大小均匀的冰结晶，从而控制微生物和酶的活性，大大降低果蔬花卉内部的生化反应，较好地保持果蔬花卉的质地、结构及风味，达到长期保藏的目的。

二、果蔬花卉速冻工艺过程

不同的果蔬花卉原料在速冻加工中工艺略有差别。如叶菜类采用整体冻结，或进行切段后冻结；块茎类和根菜类一般切条、切丝或切片后再速冻。果蔬花卉速冻的工艺流程大致如下：

（1）工艺流程

原料选择→采收运输→整理（清洗/挑选/整理/切分）→烫漂或浸渍→冷却→沥水→装盘（或直接送入传送网带）→预冷→速冻→包装→冻藏→运输→销售

（2）操作要点

① 原料选择。要求原料品种优良，成熟度适当，规格整齐，无农药和微生物污染等。原料品质是决定速冻果蔬花卉品质的重要因素，因此要注意选择适宜速冻加工的品种。水果、蔬菜、花卉的品种不同，对冷冻的承受能力也有差别。一般含水分和纤维多的品种，对冷冻的适应能力较差，而含水分少、淀粉多的品种，对冷冻的适应能力较强。

② 采收、运输。采收、运输原料要细致，避免机械伤。原料采收后应立即运往加工地点，在运输中要避免剧烈颠簸，防日晒雨淋。

③ 原料整理。原料应当日采摘当日加工，必要时可采用冷藏保鲜，但时间不宜过长，以免鲜度减退或变质。对原料进行整理，即切除不能食用部分，依据种类的不同及烹调习惯，进行剥皮、去种子和切成条、段、片、块、丝等处理。为避免微生物污染，应加速处理，并在各个环节多加注意。原料应充分清洗干净，加工所用的冷却水要经过消毒（可用紫外灯），工作人员、工具、设备、场所清洁卫生的标准要求要高，加工车间要加以隔离。速冻果蔬花卉属于方便食品，加工过程中并没有充分保证的灭菌措施，因此微生物的检测指标要求较严格。挑选原料时应剔除病虫害、机械伤、成熟度过高或过低的原料。有些品种需要去皮、去核、去筋等及适当切分（有些品种也可以整个加工）。为防止原料在去皮或切分后变色，可用清水浸泡或浸泡在含 0.2%亚硫酸氢钠、1%食盐、0.5%的柠檬酸的溶液中。速冻后果蔬花卉的脆性会减弱，可以将原料浸入 0.5%～1%的碳酸钙（或氯化钙）溶液中 10～20min，以增加其硬度和脆性。有些蔬菜，如花椰菜、菜豆、豆角

等，要在 2%～3% 的盐水中浸泡 15～30min，以驱出内部的小虫，浸泡后应再漂洗。盐水与原料的质量比不低于 2:1，浸泡时随时调整盐水浓度，若浓度太低，则幼虫不能被驱逐出来；若浓度太高，虫会被腌死。有些水果需去皮、去核，如板栗、桃、苹果等，去皮常用的方法是机械去皮（如苹果、梨等）。机械去皮是利用旋皮机配合手工将果皮削去，去皮时用力均匀，既可削去果皮又尽量少带果肉。去皮后的果实应立即投入 1% 食盐和 0.1% 柠檬酸液中护色，也可用 0.1% 的 $NaHSO_3$ 液护色。化学去皮通常采用烧碱法，即在不锈钢双层锅内配制浓度 8%～12% 的烧碱，加热至沸，倒入果实，使果实浸入碱液，保持 90℃，30～60s，同时轻轻搅动，当果皮变蓝黑色时捞出。戴橡胶手套，在不锈钢花篓中，搅拌摩擦果实，同时用水冲去果面残皮及残碱，再以清水洗净。现代化生产均采用淋碱去皮机，果实在不锈钢输送带上运行，先蒸汽预热，后以 95℃ 热碱喷淋，再以尼龙刷及搅棒搅拌摩擦，然后用强力喷射的水冲去果面的残皮残碱，再行护色。需要去核的水果如苹果、梨、桃可用挖核刀去核，注意挖净果核尽量少带果肉，如遇到核部有红色果肉需同时挖除。果品在去皮、切分及速冻保藏和解冻中易氧化变色，可在去皮和切分后立即浸没于 0.4% 的 SO_2 溶液中 2～5min，然后送去速冻。

④ 烫漂。果蔬花卉内部含有多种酶类，极易引起变色和品质恶化，即使在冻结条件下酶仍具有活性，尤其在解冻后温度升高时其活性更加剧烈，极易导致褐变和品质下降。因此果蔬花卉需在速冻前进行烫漂。烫漂是将原料放入沸水或蒸汽中进行短时间的加热，以全部或部分破坏过氧化物酶的活性，起到部分杀菌作用。烫漂的方法有蒸汽烫漂和沸水烫漂两种，一般控制温度在 90～98℃。为加强护色效果，沸水热烫还可加入 0.2% 的碳酸氢钠（绿色蔬菜，如青豆荚）或 0.1% 柠檬酸（浅色蔬菜，如马铃薯）等。热烫时间可根据果蔬花卉种类、形状、大小等而定，以钝化酶的活性为目的，尽量缩短时间（通常为 2～5min，也有的只有几秒）。原料热烫后应迅速冷却，一般有水冷和空气冷却，可以用浸泡、喷淋、吹风等方式。最好能冷却至 5～10℃，最高不超过 20℃。经过烫漂和冷却的原料带有水分，可采用振动筛或离心机脱水，沥干水分，以免产品在冻结时黏结。

⑤ 浸渍糖液。考虑到热烫对速冻果蔬花卉品质的影响，可采用浸渍糖液，并结合添加柠檬酸、维生素 C 或异维生素 C 的方法，以抑制酶活性，

防止产品变色和氧化；也可以采用拌干糖粉的办法，不同品种水果的加糖量不同，一般控制在30%～50%，柠檬酸为0.3%～0.5%，维生素C或异维生素C为0.1%左右。速冻前多将果蔬产品包装在容器中，以防失水萎蔫，减轻氧化变色作用。包装容器有涂胶的纸板杯筒，涂胶的纸盒，衬铝箔的纸板盒，内部衬以胶膜、玻璃纸、聚酯层的纸盒，以及塑料薄膜袋等。选用时要考虑原料情况、速冻设备情况，以及操作、运输方便、使用者的要求及经济条件。

⑥ 保脆。对原料进行保脆处理，即在速冻前用钙盐浸泡，浸泡后用清水冲洗。最后，进行烫漂、冷却和防止变色。

⑦ 预冷与速冻。经过前处理的原料，可预冷至0℃，这样有利于加快冻结。许多速冻装置设有预冷设施。也可在进入速冻前先在其他冷库预冷，然后陆续冻结。速冻往往由于果蔬花卉品种、块状大小、堆料厚度、入冻时品温、冻结温度等不同而有差异，故必须在工艺条件上及工序安排上考虑紧凑配合。经过前处理的果蔬花卉应尽快冻结，速冻温度在−35～−30℃，风速应保持在3～5m/s，这样才能保证冻结以最短的时间（<30min）通过最大冰晶生成区，使冻品的中心温度尽快达到−18～−15℃。只有这样才能使90%以上的水分在原来位置上结成细小冰晶，均匀分布在细胞内，从而获得品质新鲜，营养和色泽保存良好的速冻产品。

⑧ 包装。冻结后的产品经包装后入库冻藏。为加快冻结速度，多数果蔬花卉冻品采用先冻结后包装的方式。但有些产品如叶菜类为避免破碎可先包装后冻结。包装前，应按批次进行质量检查及微生物指标检测。为防止产品氧化褐变和干耗，在包装前对某些产品，如蘑菇应镀冰衣，即将产品倒入水温低于−5℃的镀冰槽内，入水后迅速捞出，使产品外层镀包一层薄薄的冰衣。速冻果蔬花卉的包装有大、中、小各种形式，包装材料有纸、玻璃纸、聚乙烯薄膜（或硬塑）及铝箔等。为避免产品干耗、氧化、污染而采用透气性能低的包装材料，还可以采用抽真空包装或抽气充氮包装。此外，还应有外包装（大多用纸箱），每件重10～15kg。包装大小可按消费者需求而定，半成品或厨房用料的产品，可用大包装。家庭用及方便食品要用小包装（袋、小托盘、盒、杯等）。分装应保证在低温下进行。工序要安排紧凑，同时要求在最短的时间内完成，重新入库。一般冻品在−4～−2℃时，即会发生重结晶，所以应在−5℃以下包装。

⑨ 冻藏。速冻果蔬花卉的长期贮存，要求将贮存温度控制在−18℃以

下，冻藏过程应保持稳定的温度和相对湿度。若在冻藏过程中库温上下波动，会导致重结晶，增大冰晶体，这些大的冰晶体对果蔬花卉组织细胞的机械损伤更大，解冻后产品的汁液流失增多，严重影响产品品质。不应与其他有异味的食品混藏，最好采用专库贮存。速冻果蔬花卉产品的冻藏期一般可达 10～12 月，如贮存条件好则可达 2 年。

⑩ 运输销售。在运输时，要应用有制冷及保温装置的汽车、火车、船、集装箱等专用设施，运输时要将温度控制在−18℃以下，销售时也应有低温货架或货柜。整个商品的供应程序采用冷冻链系统，使冻藏、运输、销售及家庭贮存始终处于−18℃以下，这样才能保证速冻果蔬花卉的品质。

三、果蔬花卉速冻方法

常在各种冻结装置内进行，生产上常用以下方法：

（1）浸渍冷冻法　即将产品浸在液体冷冻剂中冷冻的方法。在进行浸渍冷冻时有包装和不包装两种形式。此法冷冻速度最快，有直接浸入冷冻剂和用冷冻剂喷淋两种类型。因冷冻剂直接接触产品，所用冷冻剂应具有无毒、无异味、惰性、导热力强、稳定、经济合算等优点。

（2）流化冷冻法　小型颗粒产品或各种切分成小块的果蔬花卉均可采用。其产品铺在一个有孔眼的网带上，厚度为 30～130mm。冷冻时，将足够冷却的空气，以足够的速度由网带下方向上强制吹送，这样可使低冷空气与产品颗粒全面直接接触。吹风速度至少在 375m/min，空气温度为−34℃。要求产品铺放厚度一致，大小均匀。

（3）低温冷冻法　此法是在一种沸点很低的冷冻剂进行变态的条件下获得迅速冷冻的方法。通常采用的冷冻剂有液态氮、一氧化碳及一氧化二氮。以普遍应用的液态氮快速冷冻装置为例，5mm 厚的果蔬花卉产品，经 10～30min 后，表面温度达−30℃，中心温度达−20℃即可。

（4）鼓风冷冻法　生产上多采用隧道式鼓风冷冻机，大多是在一个长形墙壁绝热的通道中进行冷冻。产品放在车架的各层筛盘中通过隧道，或用连续运动的网带携载产品通过隧道。冷空气进入隧道的方向与产品通过的方向相对，其冻结条件良好。这种方法一般采用的空气温度是−34～−18℃，风速在 30m/min 以上。

第五节　速冻食品安全管理体系

一、概述

ISO22000 是以 HACCP（Hazard Analysis and Critical Control Point，危害分析与关键控制点）体系为原理制定的安全标准。HACCP 体系在我国是用于控制从生产到消费整个链条各环节食品安全的一种最有效的管理体系。HACCP 是美国宇航局开发制定的，目的是提供给宇航员安全、健康的食品。其不断发展，已从最初的三个原理（危害识别、确定关键控制点和控制任何危害、建立监视系统），拓展为五大步骤和七大原理。这五大步骤分别是：设立 HACCP 小组，描述产品及其销售特性，描述产品预期用途及产品用户，绘制过程流程图，验证过程流程图；七大原理是：对危害进行分析，确定关键控制点（CCP），建立关键限值，建立关键控制点的监视体系，当监视体系显示某个关键控制点失控时确立应当采取的纠正措施，建立验证程序以确认 HACCP 体系运行的有效性，建立文件记录的体系。

我国从 2006 年 7 月开始实施 GB/T 22000—2006，该标准的建立，提供给生产企业可以遵照的完善管理标准，有利于保证食品安全。该标准提供了食品安全管理中的共性要求，而不是针对食品产业链中任何一类组织的特定要求。该标准适用于在食品链中希望建立食品安全体系的组织，无论规模、类型和所提供的产品。其不仅适用于农产品加工生产厂商、动物饲料生产商、食品生产商，以及批发商和零售商，也适用于与食品相关的设备供应厂商，物流供应商，包装材料供应商，农业化学品和食品添加剂供应商，设计食品的服务供应商和餐厅。

ISO22000 采取了 ISO9000 标准的结构体系，HACCP 原理则贯穿整个标准体系。而 GB/T 22000—2006 则明确了危害学习分析作为安全食品生产的管理核心，并将 CAC（国际食品法典委员会）制定的预备步骤中的产品特性、预期用途、流程图、加工步骤和控制措施以及沟通作为危害分析及其更新的输入；同时将 HACCP 计划及其前提方案动态、均衡地结合。旨在将终产品交付到食品链下游组织时，确定并控制危害水平，降低危害水平到可接受水平。本标准可以与其他管理标准相整合，如质量管理体系标准和环境管理体系标准等。

标准中规定了食品安全管理体系的要求，融入下列公认的关键原则：相互沟通、体系管理、过程控制、HACCP原理、前提方案。将充分沟通提高到重要位置，要求相关组织必须与食品链中的上下游组织充分沟通。在系统分析获取危害信息的基础上，与客户和供应方的沟通有助于明确客户和供应方的要求（如在可行性、需求和对终产品的影响方面）。明确企业在食品链中的作用和位置，可以确保整个链条有效地沟通和运作，最终提供满足消费者需求的安全产品。标准中进一步阐明了前提方案的概念。前提方案（PRP（s））分为两种类型：基础设施和维护方案，以及操作性前提方案。这种划分考虑了拟采用控制措施的性质差异，及其监视、验证或确认的可行性。

二、 HACCP 的特点

安全产品的有效生产要求有机地整合两种前提方案和详细的 HACCP 计划。基础设施和维护方案用于阐述食品卫生的基本要求和可接受的、更具永久特性的规范条例；而操作性前提方案则用于控制或降低产品或加工环境中，可明确影响食品安全的因素。HACCP 计划用于管理确定的关键控制点。

HACCP 的特点介绍如下。

（1）是对可能发生在食品加工环节中的危害进行评估，进而采取控制措施的一种预防性的食品安全控制体系。有别于传统的质量控制方法。

（2）HACCP 是对原料、各生产工序中影响产品安全的各种因素进行分析，确定加工过程中的关键环节，建立并完善监控程序和监控标准，采取有效的纠正措施，将危害预防、消除或降低到消费者可接受水平，以确保食品加工者能为消费者提供更安全的食品。

HACCP 表示危害分析的临界控制点，用于确保食品在生产、加工、制造、准备和食用等过程中的安全，在危害识别、评价和控制方面是一种科学、合理和系统的方法。但不代表健康方面的一种不可接受的威胁。HAC-CP 可识别食品生产过程中可能发生的危害并采取适当的控制措施防止危害的发生，通过对加工过程的每一步进行监视和控制，从而降低危害发生的概率。

食品加工企业多采取多项控制措施的组合来控制致病菌的危害，即控制微生物的污染水平。一种控制措施是工具定期专人负责清洗消毒，控制人员卫生以及水的卫生，即提高整个加工链条的卫生状况来进行危害管理。另一种控制措施则采取烫漂浸泡或者喷淋消毒溶液，即采取关键控制点措施来进行危害管理。

以速冻青刀豆为例，通过明确各流程节点中存在的可能性危害建立HACCP体系。

（1）明确加工中的工艺流程

青刀豆原料验收→挑选与处理→浸盐水、驱虫→清洗→烫漂→冷却→沥干→速冻→选别、第一道金属探测→称重、包装→第二道金属探测→冻藏

（2）危险分析及关键控制点的确定

① 原料验收。青刀豆原料在农场种植操作中，很有可能受到农药和重金属污染，此类污染属于无法去除的安全危险。因此，对种植农场需备案，明确原料批次，设置追溯信息及备案。原料验收中危险显著，为关键控制点。

② 挑选与处理。该工艺流程中，需按照产品生产和客户要求，挑选鲜嫩、饱满、长度适宜、无锈斑、无病虫害的原料。并且在挑选过程中应去除果梗、尖，并将少数杂质去除。

该操作过程中，存在的安全威胁有操作人员与果实的直接接触所带来的生物性危害，操作人员毛发脱落所带来的物理性危害，该过程中产生的危害可在后续工艺中弥补，因此挑选与处理并非关键控制点。

③ 浸盐水、驱虫。该工艺的目的是保持果实色泽，具体操作步骤为将处理后的青刀豆浸没于质量分数为2％～3％的食盐水中，温度尽量保证在10℃以下。此工艺可同时驱除荚果内的小虫，一定程度上起到控制虫害的效果。因后续烫漂可以杀死微生物和虫卵，因此从成本和效率的角度出发，可不作为关键控制点。

④ 清洗。青刀豆在经过盐水处理后，需使用清水反复清洗，去除表面泥沙、尘土及盐水残留，也可带走部分微生物。因清洗用水由卫生操作标准管控（一般为饮用水），故此工艺非关键控制点。

⑤ 烫漂。清洗后的青刀豆，将在96～100℃的热水中翻转受热100～150s，确保受热均匀，表面无花斑状。该工艺中，烫漂液中加入10g/L的

碳酸氢钠调节 pH 值至弱碱性，以达到护色的目的。烫漂是为了破坏果蔬中的氧化酶、过氧化酶的活性；杀灭原料表面的微生物；破坏青刀豆中苷类、细胞凝集素等生物毒素。若烫漂温度及时间不充分，则会造成酶活性存留、微生物残留、生物毒素残留，在后道工序中无法消除，危害很大，因此从安全的角度出发，此工艺为关键控制点。

⑥ 冷却、沥水。冷却过程中可能会有由自来水、冷却水以及沥水过程中空气所造成的外来污染，可以利用 GMP（良好操作规范）、SSOP（卫生标准操作程序）控制，危害较小，不作为关键控制点。

⑦ 速冻。速冻一般采用单体快速冻结（IQF）使青刀豆中心温度快速达到−18℃。应关注冻结设备的清洁消毒情况，若设备消毒不充分，则会造成产品中微生物残留，危害较大，此工艺为关键控制点。

⑧ 包装。包装过程可能会由于人员、器具、空气造成外来污染，利用 GMP、SSOP 可很好地控制，危害较小，非关键控制点。

⑨ 金属探测。金属探测过程中金属等异物未被检测出，在后道工序中无法消除，因此，危害很大，需要作为关键控制点在包装工艺的前后环节各进行一次探测。

⑩ 冻藏。速冻青刀豆的贮存温度应在−20℃以下，并尽量保持温度恒定。冻藏过程中贮存温度不符合要求则会造成微生物的繁殖，危害较大，须作为关键控制点在贮存周期内定时进行微生物危害检测，以确保产品品质。

第三章　果蔬花卉速冻加工实例

03 Chapter

第一节　速冻果品的加工实例

一、速冻荔枝

荔枝为无患子科荔枝属植物，原产于我国，是亚热带名贵水果，果实香甜味美，营养丰富，主要产地为广东、福建，深受世界各国人民喜爱。荔枝采收的季节炎热，采后极易腐烂变质，是最难贮存的果品之一。荔枝在20~30℃下的贮存期只有1~3d，在条件严格的气调贮藏中也只能保鲜30~40d。目前荔枝主要采用15℃温度结合气调的中短期贮存、低温速冻后的长期贮存和速冻贮存等方法保存。国内外研究者一直在研究有效延长荔枝贮存期的方法，荔枝的速冻贮藏就是一个研究方向。

（1）工艺流程

荔枝→分选→清洗→热烫→冷却→护色→沥水→预冷→单体速冻→检查→包装→冻藏

（2）工艺要点

① 原料选择。选择供速冻加工的荔枝，成熟度八至九成时采收。要求果皮呈鲜红色或暗红色，果实饱满，果肉洁白，肉质致密，嫩脆，味甜微酸，香气浓郁，新鲜，无腐烂、虫蛀、破损。在晴天上午采果，采收后及时

运回工厂，尽快加工。若当天加工不完，可短期冷藏。

② 挑选、清洗。剔除病虫、损伤、褐斑、过熟或未熟果，并摘去果柄，注意不要摘掉果皮。用水清洗干净。

③ 热烫、冷却、护色、沥水。处理有多种方法，再一般用热水烫漂7s，再迅速用冷水冷却，然后在5％的柠檬酸溶液中浸泡2min，捞起沥干溶液。

④ 预冷、速冻。荔枝速冻时容易产生裂果，一般冻结温度越低或冻结速度越快，裂果越多。解决的办法是缩小果温与冻结温度之间的温差，所以冻结前应先把荔枝预冷至0℃，然后再冻结，用－30℃静止冷空气冻结。荔枝最大冰晶生成区的下限温度在－15℃，荔枝冻结时只有通过－15℃，结冰率才可达到80％。荔枝最大冰晶生成带约在－15～－3℃，远低于一般食品的最大冰晶生成带。因此，荔枝冻结时通过最大冰晶生成带需要较长时间，较难达到速冻要求。冻结速度慢和荔枝果肉柔软多汁是荔枝速冻产品汁液流失多的重要原因。实际生产中可通过风机鼓风提高冻结速度。

⑤ 检查、包装、冻藏。冻结后进行检查，再用聚乙烯袋包装，每袋250g或500g，然后用纸箱作为外包装，最后冻藏。

二、速冻荔枝肉

（1）工艺流程

原料选择→挑选→去壳、去核→清洗→浸渍糖液→包装→速冻→冻藏

（2）工艺要点

① 原料选择、挑选。选择供速冻加工的荔枝，成熟度八至九成时采收。要求果实饱满，果肉洁白，肉质致密，嫩脆，味甜微酸，香气浓郁，新鲜，无腐烂、虫蛀、破损。

② 去壳、去核。去除整果荔枝果柄，轻度自然失水褐变的也可采用。用荔枝专用去核器，对准蒂柄打孔，去蒂柄深度以筒口接触到果核为度，夹出核后，剥去外壳，慎防果肉损伤。

③ 清洗、浸渍糖液。清洗后，把果肉浸渍于含0.3％柠檬酸、0.2％异抗坏血酸，浓度为40％的糖液中15min，捞起用聚乙烯袋抽真空包装。

④ 速冻。通过震动布料机及刮板使预冷的荔枝单层分布于网状输送带上，进入速冻机，采用流态化速冻法，进行速冻，使荔枝的几何中心温度降

到-18℃。关键控制技术参数为：物料的初温、冷空气温度、第一冻结区的冷空气流速、第二冻结区的冷空气流速和速冻时间。荔枝速冻最好采用去皮速冻工艺，这样既可避免果皮褐变问题，又可解决速冻与裂果的矛盾，减少汁液流失，提高速冻荔枝的商品价值，同时方便食用或加工其他制品。

⑤ 冻藏。冷藏时要使用专用库，不能与肉、鱼或者有异味的蔬菜等食品共用一个冷库。

三、速冻芒果

芒果是一种著名的热带水果，含酸量较低，糖酸比约为40∶1，维生素C含量不高，但β-胡萝卜素的含量在热带水果中居首位。芒果肉质细嫩香甜，有特殊风味，并有"热带果王"之称。速冻芒果块是将新鲜成熟的芒果切块后，通过一系列的加工过程制成的速冻芒果制品。该制品不仅延长了芒果的贮藏时间，方便了长途运输，还能最大限度地保持芒果原有的风味、色泽和营养成分。芒果的采后贮藏保鲜技术目前还不能有效延长鲜芒果的贮藏期，采用冷库进行冷藏的商业贮藏期最长也就一个月。

（1）工艺流程

鲜芒果验收→清洗→去皮→漂洗→切丁→预冷→沥水→速冻→检查→包装→金属探测→抽检→冷藏→冷链运输

（2）操作要点

① 选果、清洗。选用的芒果应新鲜无严重病虫害，农药残留符合标准要求。成熟度要求为果肉淡黄色，有一定硬度、未软化，即七分熟左右。用流动清水漂洗，洗去果皮表面的尘土、泥沙及黏附在其表面的微生物等杂质。或采用滚筒式清洗机清洗，利用果与滚筒壁之间的摩擦洗去表面的泥沙等杂质。

② 去皮、去核、切丁、预煮。将清洗后的芒果立即进行去皮、去核、切丁处理，可采用手工去皮、去核、切丁（注意芒果果肉不可直接接触金属表面，应用不锈钢刀切丁），然后将芒果果丁由输送带送往预煮机预煮。

③ 预冷。根据速冻理论，冻结前物料的品温越接近冻结点，则物料冻结速度越快，产品的质量越好，生产能力越大。因此，速冻前应用5℃左右的冷却水浸泡将料温降低至10℃左右。为了抑制致病菌等微生物的生长繁

殖，冷却水须经砂棒过滤器和紫外线杀菌器处理后，再添加次氯酸钠，并保证有效浓度在 4～5mg/L。每班更换一次冷却水以保证冷却水的卫生安全。

④ 沥水、速冻。预冷后的芒果丁通过不锈钢输送带送往冷冻区的同时进行轻微振动，去掉果肉表面多余的水分，防止冷冻时果丁联结在一起。采用流化床式速冻方法，温度 -30～-40℃、流速 4～5m/s 的冷空气从输送带下面往上吹，将果肉吹起似沸腾状进行速冻。速冻过程分为两区段完成，第一区段为表层冻结区，第二区段为深温冻结区。果丁进入冻结室后，首先进行快速冷却，即表层冷却至冰点温度使表层冻结，果丁间、果丁与不锈钢带间成散离状态，彼此间互不粘连，然后进入第二区段深温冻结至中心温度为 -18℃ 以下，整个冷冻过程应保证在 30min 内完成。

⑤ 在线检查、包装。冻结的果丁从冷冻室出来后至包装前，在运行的输送带上由人工检查，剔除有黑点或果皮的果丁和杂质，粘连的果丁则拣出放回冷却水中解冻分离，重新冷冻。包装材料经过预冷和紫外线杀菌处理后进入包装间。内包装用聚乙烯薄膜袋，外包装用纸箱，每箱净重一般为 10kg，具体可根据客商要求执行。

⑥ 检验。包括金属探测器探测和成品的抽查。去皮、切丁和速冻等工序可能因工具、设备破损或螺钉脱落而在产品中残留金属碎片，所以须用金属探测器对包装后的每一箱产品进行金属检查，合格者方可入库。成品的抽查包括温度检查和不良率检查，抽样率为 3%。温度检查，即用温度计插入包装箱中心测定果肉温度，温度应低于 -18℃，否则应重新冷冻。不良率检查则是开箱检查，将 3 丁以上（含 3 丁）的联结团、带黑点或果皮的果丁拣出称重，这部分果丁的重量占样品总重的比率称为不良率。

⑦ 冷藏。冷藏库和冷藏车的内部温度应保持在 -18℃ 以下，温度波动要求控制在 2℃ 内。

（3）品质标准

① 感官指标。色泽：淡黄色，色泽基本一致；形态规格：15mm×15mm 或 10mm×10mm，大小均匀；异物：不得检出；不良率≤5%。

② 卫生指标。大肠杆菌、致病菌不得检出。

四、速冻樱桃

樱桃，系蔷薇科李属樱亚属植物，果实色泽艳丽，风味独特。樱桃富含

K、P、Ca、Fe 等矿物质元素，每百克樱桃中含铁量多达 59mg，居水果之首。另外它还含有丰富的 B 族维生素、维生素 C、维生素 E、胡萝卜素等维生素，具有极高的营养价值。但樱桃果实柔软、皮薄、多汁，多在 5~6 月采收，正值高温多雨季节，采后在常温（22℃）3~5d 内，极易出现果梗干枯和果实失水、褐变、腐烂、发霉的现象，使果实品质变劣，影响果实风味，造成严重的损失。因此寻找适宜的速冻方式，对延长樱桃的贮藏，减缓樱桃的衰老速度，就显得极为重要。

（1）工艺流程

原料选择→清洗→硬化、护色→包装→速冻→冷藏

（2）工艺要点

① 选料。选成熟、色泽鲜艳、大小均匀、质地坚脆的无病虫、霉烂、碰伤的果粒。

② 清洗。用清水洗去泥土、污物和农药，并除去果梗。

③ 硬化、护色。将洗净的果实放入 60% 的糖液中（加入 0.5% 氯化钙、0.5% 柠檬酸及 0.03% 的维生素 C），浸渍 2~5min 即可装袋。氯化钙起硬化作用，柠檬酸和维生素 C 起抗氧化作用。

④ 包装。将处理好的果实称重装入塑料食品袋，每袋 250~500g。用塑料热合机或真空包装机封口。

⑤ 速冻。将封口后的袋子送入冷冻机，在 -35~-32℃ 的条件下速冻 10min。

⑥ 冷藏。把冻好的果实移入 -18℃ 低温冷库中或冷柜中冻藏，随时可取出出售或自食。

五、速冻草莓

草莓为蔷薇科草莓属植果，浆果类果实，柔软多汁、味美爽口，是集营养和色香味于一身的高档优质水果。草莓质地柔软多汁，收获期短，因此贮运比较困难。常温下，一般仅能存放 1~2d；在 -0.5~0℃，相对湿度 85%~90% 时，最高贮期仅 7~8d，即使低温贮藏和气调相结合，最长贮期也不超过 15d，因而对其进行长期保鲜贮藏非常困难，但草莓非常适合速冻保鲜贮存。草莓速冻后，可以保持原有的色、香、味，既便于贮存，又便于

外销。速冻草莓通常可贮存 18 个月，具有良好的市场前景。

（1）工艺流程

原料→洗果→消毒→除萼→控水→称重→加糖→摆盘→速冻→装袋→密封→装箱→冻藏

（2）工艺要点

① 原料。选用果实新鲜饱满、个头中大、匀称整齐、果肉红色、质地硬、有香气、风味浓郁、果萼易脱落的优良品种。当果实八成熟、果面有 80％着色，具有品种固有风味时采收，一般采摘当天加工处理，如处理不完应在 0～5℃冷库内摊晾保存，保持原料的新鲜度。如远距离运输必须用冷藏车。速冻果实横径不小于 20mm，约 7～12g 重，过大、过小均不合适。选用果个完整、大小均匀、果形端正的果实，剔除病、虫、伤、烂、未熟果和畸形果。

② 洗果、消毒、除萼、拣选。将草莓放入流动水槽，漂洗去泥沙等杂质，也可以经输送带以流水喷淋洗涤，洗前先以 0.05％高锰酸钾水溶液浸洗 4～5min，浸洗时要轻轻搅动。人工将萼柄、萼片摘除干净，对除萼时可带出果肉的品种，可用薄刀片切除花萼。将不符合标准的果实及清洗中损伤的果实拣出另作他用，同时除去残留的萼柄、萼片。

③ 控水、称重。将果实在筛上控去表面水分，一般控 15min 左右，按照产品要求，如冻品呈粒状时，控水时间宜长，如要求冻品呈块状时，控水时间宜短。速冻草莓一般冻成块状，每块 5kg，即在 380mm×300mm×80mm 的金属盘中装 5kg 草莓，为防止解冻时缺重，可加 2％～3％的水。

④ 加糖、摆盘。按草莓重的 30％加糖，一层草莓、一层白糖，然后搅拌均匀。可以在加糖时加 0.1％的维生素 C，对于作为加工原料的冻品一般不加糖只加维生素 C。草莓摆盘时一定要平整、紧实。

⑤ 速冻。摆好盘后立即进行速冻，在 −30℃ 以下速冻至果心温度至 −18℃，一般经 4～6h 即可完成冻结。

⑥ 包装、冷藏。速冻后的草莓冻盘拿到冷却间包装，冷却间温度 0～5℃，将速冻好的草莓块从盘中倒出，装入备好的塑料袋，用封口机密封放入纸箱中。将包装好的纸箱立即送入 −18℃ 的冷库贮藏，贮藏期可达一年半。运销时必须使用冷藏车、船运输，冷藏柜销售。

六、速冻菠萝丁

菠萝又称凤梨，是我国热带和亚热带四大名果之一。菠萝香味浓郁，风味独特，深受国内外消费者的欢迎。菠萝营养丰富，其成分包括糖类、蛋白质、脂肪、维生素 A、维生素 B_1、维生素 B_2、维生素 C、蛋白质分解酶及钙、磷、铁、有机酸类、烟酸等，尤其以维生素 C 含量最高。菠萝味甘、微酸，性微寒，有清热解暑、生津止渴、利小便的功效，可用于伤暑、身热烦渴、腹中痞闷、消化不良、小便不利、头昏眼花等症。根据地方资源优势和国际市场的需求，我国研究开发了速冻菠萝生产技术，产品远销欧洲，取得明显的经济效益。

（1）工艺流程

鲜菠萝验收→喷淋清洗→去皮、去眼→漂洗→消毒→切丁→预冷→沥水→速冻→检查→包装→金属探测→抽检→冷藏→冷链运输→销售

（2）操作要点

① 原料预处理。选用新鲜无病虫害、卫生符合标准要求的菠萝，成熟度要求为果肉已转浅黄色。验收合格的菠萝原料应尽快加工，防止微生物大量繁殖。首先用自来水喷淋洗掉果实表面的泥沙、残留的农药和大部分微生物。接着人工去皮、去眼，用自来水漂洗干净果实表面。消毒水须符合国家饮用水标准，并经砂棒过滤器和紫外线杀菌处理后再添加二氧化氯溶液，有效浓度需达 10～15mg/L。由专人负责监控消毒处理，确保消毒按规定的浓度、时间进行，以杀灭所有的致病菌和绝大部分非致病性微生物。每班更换一次消毒水。

② 切丁。消毒过的菠萝经检查确认果皮、果眼剔除干净后，放切丁机中切成丁（规格 10mm×0mm×10mm）。

③ 预冷处理。根据速冻理论，冻结前物料的品温接近冻结点，则物料冻结速度快，产品的质量好，生产能力也大。因此，速冻前可采用 5℃左右的冷却水浸泡将料温降低至 10℃左右。

④ 沥水。预冷后的菠萝丁通过不锈钢输送带送往冷冻区的同时进行振动，去掉果肉表面多余的水分，防止冷冻时果丁联结在一起。

⑤ 速冻。采用流化床式速冻方法，温度 -30～-35℃、流速 4～5m/s

的冷空气从输送带下面往上吹，将果肉吹起似沸腾状进行速冻。速冻过程分为两区段完成，第一区段为表层冻结区，第二区段为深温冻结区。果丁进入冻结室后，首先进行快速冷却，即表层冷却至冰点温度使表层冻结，果丁间、果丁与不锈钢带间成散离状态，彼此间互不粘连；然后进入第二区段深温冻结至中心温度为−18℃以下，整个冷冻过程约15min可告完成。

⑥ 在线检查。冻结的果丁从冷冻室出来后至包装前，在运行的输送带上由人工检查，剔除有黑点、果皮的果丁和杂质，粘连的果丁则拣出放回冷却水解冻分离，重新冷冻。

⑦ 包装。包装材料经过预冷和紫外线杀菌处理后进入包装间。内包装用聚乙烯薄膜袋，外包装用箱，每箱净重10kg。

⑧ 检验。包括金属探测器探测和成品的抽检。去皮、切丁和速冻工序可能因工具、设备破损及螺钉脱落而在产品中残留金属碎片，所以须用金属探测器对包装后的每一箱产品进行金属检查，合格者方可入库。成品的抽查包括温度检查和不良率检查，抽样为300。温度检查，即用温度计插入包装箱中心测果肉品温，温度应低于−18℃，否则应重新冷冻。不良率检查则是开箱检查，将3丁以上（含3丁）的联结团、带黑点或果皮的果丁拣出称重，这部分果丁的量占样品总重的比率称为不良率。

⑨ 冷藏和运输。冷藏库和冷藏车的内部温度应保持在−18℃以下，温度波动要求控制在2℃内。

（3）产品质量

① 感官指标。色泽：淡黄色，色泽基本一致；形态：大小均匀，规格符合要求；异物：不得检出；不良率≤12%。

② 微生物指标。细菌总数≤1×10^5 个/g；大肠菌群≤300 个/100g；致病菌（包括李斯特菌）不得检出。

七、速冻葡萄

葡萄，为葡萄科葡萄属木质藤本植物，果实球形或椭圆形，果期8～9月。葡萄不仅味美可口，而且营养价值很高。成熟的浆果中含糖量高达10%～30%，以葡萄糖为主。葡萄中的多种果酸有助于消化，适当多吃些葡萄，能健脾和胃。葡萄中含有钙、钾、磷、铁以及维生素 B_1、维生素 B_2、

维生素 B_6、维生素 C 和维生素 P 等,还含有多种人体所需的氨基酸,常食葡萄对神经衰弱、疲劳过度大有裨益。鲜食葡萄除采用冷藏保鲜外,还可速冻保鲜,与冷藏相比,葡萄速冻保鲜贮藏期长,不添加防腐剂,食用方便卫生,可长年供应,且不受品种限制,不同风味的葡萄都可进行速冻处理。

(1)工艺流程

原料验收→剪枝→清洗→消毒→热烫→冷却→摘粒→去皮、去籽→护色→选拣→水洗→沥水→装袋密封→装盘成型→预冷→速冻→脱盘→检验→装箱→冷藏

(2)操作要点

① 原料选择。葡萄的品种很多,应选择颗粒大、易脱皮、皮薄肉厚、加工过程中不易软烂的品种。采收时,取成熟度在八成以上,呈青绿色、果粒饱满、无霉烂、无病虫害、无机械伤的葡萄,采收后立即加工。暂时不加工的葡萄应贮存在 0~8℃ 的冷藏库中,以保持果实新鲜。

② 剪枝、清洗、消毒。剪去不合格的果粒,剪成每串留有 10 个左右果粒的小串,在流水中冲洗 2~3min,以洗去杂质、污物及农药,然后浸入 0.05% 的高锰酸钾溶液中消毒 3~5min,再用清水漂洗 3 次至无红色。

③ 热烫、冷却。将漂洗干净的葡萄先放在 40℃ 的温水中,再用 95℃ 的热水热烫 3min,至果粒柔软,不破裂、不变色,立即投入冷水中冷却至 10℃ 以下,以减少热处理的影响,尽量避免可溶性和热敏感营养成分的损失。热烫的目的在于使葡萄中的各种酶类,如多酚氧化酶、抗坏血酸氧化酶、过氧化物酶等的活性降至最低程度,避免果粒变色变味,同时还可以杀灭葡萄表面附着的虫卵和酵母菌,还能使果粒不发生褐变,从而提高产品的耐藏性。热烫时要求葡萄在短时间内达到所需温度,而且受热要均匀。热烫不足,不能使酶完全失去活性,表现为冷藏后,变色变味,产品质量下降;热烫过度,固然能使酶失去活性,但营养成分损失过多,可使果粒变色,果粒组织软化,口感变差,风味变淡,且增加速冻的能耗。

④ 摘粒、去皮、去籽。将冷却后的葡萄,从枝上轻轻扭转下来,注意不要直摘,以防果粒损伤破裂。而后放入盛有 0.1% 异抗坏血酸钠的溶液中,以防葡萄蒂氧化变色,并把烂果、病虫害果、过小和过熟的不合格果粒挑出。把葡萄粒倒入机器,将皮核去净。如无机器设备,可用手从果梗一端剥皮。对葡萄的去皮要彻底,但不能损伤果肉。经过加工,不带果蒂的葡萄

比带果蒂的葡萄失重率明显增多，说明用不带果蒂的葡萄加工出的产品汁液流失严重；另外，可溶性固形物和可滴定酸的含量均偏低，营养素损失严重，并且色泽、质地等感官指标也不如带果梗的葡萄好。所以，宜采用带果蒂的方法进行脱粒，果蒂保留 2mm 左右。

⑤ 护色、选拣。去皮去籽后的葡萄粒立即浸入 0.1% 异抗坏血酸钠溶液中护色。即将去尽皮核的葡萄粒平铺于透光的玻璃板上进行检验选拣，将较小粒、严重破损粒、有斑点或褐变粒等不合格的果粒挑出，将仍有皮核的果粒手工去除皮核，合格粒及时放入护色液中。葡萄果粒褐变反应的机制主要是在氧化酶催化下的多酚类氧化和抗坏血酸氧化，抗坏血酸可在空气中自动氧化褐变，这种褐变在有氧的酸性环境下发生。研究证明，防止褐变，必须消除酚类、多酚氧化酶和氧三种因素之一。比较有效的是抑制多酚氧化酶活性，其次是防止果粒与空气接触。控制褐变除了对原料热烫、缩短加工操作时间、减少与空气接触的时间外，加入护色剂也是一种行之有效的手段。异抗坏血酸钠是强还原剂，可利用其还原性消耗氧和抑制酶的活性，防止酚类变为醌类。加工过程中使用 0.1% 的异抗坏血酸钠溶液可防止果粒出现褐斑和色泽变深。0.1% 抗坏血酸钠溶液作为护色剂既有护色作用，还可保持葡萄营养成分损失较少。

⑥ 水洗、沥水。将合格葡萄粒用流水清洗 2~3 次，将残皮、果核等杂质除去。干净果粒置于竹筛或塑料筛内沥水 5~8min。

⑦ 袋装密封、装盘成型。将沥干水分、完好的葡萄果粒定量装入 0.08mm 厚的塑料袋中，加入 0.1% 异抗坏血酸钠溶液护色，排净袋内空气后封口。将塑料袋摆放在托盘中使葡萄果粒平整成型。

⑧ 预冷、速冻。将装好的托盘立即送入 0℃ 冷库内预冷至 5℃ 左右，再送入速冻机或速冻库，在 -35℃ 以下进行速冻，要求在 30min 内使果粒中心温度降至 -18℃，以通过最大冰晶生成带，减少冰晶的生成。

⑨ 脱盘、检验、装箱。速冻完成后，从速冻机出口或速冻库取出托盘，将速冻果粒在操作台上整盘脱出，检验果粒有无变色及畸形块、果粒块有无断裂、包装袋有无破损现象、每袋重量与标示重量是否相符等。对合格产品进行装箱、封箱。

⑩ 冷藏：包装好的整箱葡萄果粒立即送入 -18℃ 左右的低温库贮存。

八、速冻桃

桃，蔷薇科桃属植物。果肉有白色和黄色的，桃有多种品种，一般果皮有毛，果实多汁，味道鲜美，营养丰富，是人们最为喜欢的鲜果之一。除鲜食外，还可加工成桃脯、桃酱、桃汁、桃干、桃罐头和速冻桃等。

（1）工艺流程

原料→分选→切半→去皮、去核→烫漂→冷却→修整、挑选、加糖→分类、包装→冻结→冻藏

（2）操作要点

① 原料。采用新鲜饱满、香味浓、酸甜适口、肉质较硬的硬质桃，要求果实大小均匀，成熟度在八成左右，果肉以红色少且不易褐变的黄桃或白桃为主。剔除病、虫、伤、畸形或未熟果，按果实大小、色泽进行分级。

② 切分、去皮、去核。用烧碱（NaOH）在不锈钢夹层锅内配成浓度10%的碱液，煮沸，倒入纵切为两半的桃片浸没处理30～60s，处理温度保持在90℃左右，然后迅速捞出桃片，洗去残留的果皮和碱液，在0.2%盐酸液中浸泡，中和碱液防止褐变。漂洗后挖去桃核，注意挖净核窝处的红色果肉。

③ 烫漂、冷却。为防止在速冻加工中的酶促褐变，将挖出核的桃片在不锈钢锅内用0.1%的柠檬酸液烫漂（90℃）2～4min至果肉无生心；也可以用98～100℃蒸汽热烫2～4min。预煮后的桃片立即投入冷却池内以循环冷却水急速冷却，然后再置入冰水中冷却，冷至常温。应注意护色。

④ 修整、挑选、加糖。先挑除青色、红褐色及病伤果，挑除碎块、烂桃。然后将冷却透的桃片进行修整，修去桃片表面斑点、杂质及残留桃皮和局部褐变。修整时注意用刀方法，应顺桃弧形自然修整，使表面平整，切面无毛边，核窝处光滑，果块呈半圆形。果块修整后，在桃片中加入浓度40%～50%的糖浆，桃片与糖浆的比例为7∶3。为防止桃片变色可在糖浆中加入0.1%～0.2%的维生素C进行护色。

⑤ 分类、包装、冻结。将修整后的桃片按大小不同，色泽不同，品质、级别不同分别装盘进行速冻。用聚乙烯塑料袋或马口铁罐包装，送入－30℃以下的冷冻隧道中冻结至品温－18℃为宜。

⑥ 冻藏。在 -18℃ 的冷库中冻藏，冻藏期间温度波动范围不得超过 ±1℃，期限为 18 个月。

（3）质量标准　色泽：呈黄色或黄白色，色泽较一致；风味：具有黄桃固有的滋味和气味，无异味；组织形态：组织鲜嫩，形态完整，表面平整，切面无毛边，去皮干净，表面光滑，核窝处光滑。杂质：不允许存在；冻结：良好，不得冻结成块；卫生要求：应符合食品卫生要求，符合食用标准；微生物指标：细菌总数（个/g）≤10 万；大肠菌群为阴性。

九、速冻柑橘

柑橘属芸香科柑橘属植物，是热带、亚热带常绿果树。柑橘是世界上最重要的农产品之一，品种丰富且产量高，是人们膳食的重要组成部分。柑橘果实富含维生素 C、各种氨基酸、有机酸等营养成分，同时也是一些生理活性成分的重要来源，如类黄酮、酚酸等酚类物质、柠檬苦素、类胡萝卜素等。近年来的众多研究表明柑橘中的酚类物质具有预防慢性疾病、抗癌、抗炎、抗氧化等多种生理功能，因此也越来越受人们关注

（1）工艺流程

原料选择→热烫剥皮→干燥和冷却→清洗→浸渍糖液→包装→速冻→冻藏

（2）操作要点

① 原料选择。柑橘的种类很多，一般温州蜜柑适宜速冻加工，早熟品种冻结后易变色，并且有异味，故不宜采用。选用果实成熟完全、新鲜、风味良好、果形整齐、果肉组织紧密、无病虫害的原料进行加工。根据果形大小分大、中、小三级。

② 热烫剥皮。热烫是为了便于剥去蜜柑的外果皮，热烫时必须将果加热至使果皮软化。由于果的大小、皮的厚薄不同，热烫温度与时间略有不同。一般沸水热烫需 5～10s；85～90℃ 热烫需 60～120s。热烫温度不够、时间过短，则剥皮困难，果肉损伤率大；但温度过高、时间长，虽然易剥皮，但瓢囊损伤率高。热烫后立即用竹片刀和手轻轻地将果皮剥去。

③ 干燥、冷却、清洗。剥皮的蜜柑，必须适当地干燥和冷却才能进行瓢囊分离。干燥过度果肉硬化，分离也困难。瓢囊分离首先将果实分成两

半，然后再分成小半。必须注意在分离中不要使果肉损伤。内果皮一般使用碱液去除：将瓤囊浸入沸腾的 $1\%\sim3\%$ NaOH 溶液中，浸渍 $20\sim40s$。碱液浸渍时间必须适宜，如果浸渍时间过长，则皮膜分解，果肉损伤，如再过度，则果肉糜烂，果汁流出。经碱液浸渍剥皮的瓤囊，用水洗涤后用 1% 的柠檬酸溶液中和。

④ 浸渍糖液。果肉水洗沥干后，放入浓度 $30\%\sim50\%$ 的糖液中浸渍 $24h$。

⑤ 包装。浸糖后的果肉装入聚乙烯袋中，然后注入部分糖液，果肉与糖液比例为 $4:1$，最后密封。

⑥ 速冻、冻藏。将塑料袋放入 $-35℃$ 以下的速冻装置中进行冻结，至袋中心温度达 $-18℃$ 以下，再用纸箱包装，然后冻藏。

十、速冻鲜枣

枣，别称大枣、刺枣，为鼠李科枣属植物，核果矩圆形或长卵圆形，长 $2\sim3.5cm$，直径 $1.5\sim2cm$，成熟时红色，后变红紫色，中果皮肉质，厚，味甜。枣含有丰富的维生素 C 和 B 族维生素，除供鲜食外，常可以制成蜜枣、红枣、熏枣、黑枣、酒枣及牙枣等蜜饯和果脯，还可以制作枣泥、枣面、枣酒、枣醋等，为食品工业原料。速冻是对鲜枣的另一种重要应用。

（1）工艺流程

原料挑选→清洗→表面消毒→脱水→装袋→预冷→速冻→检验→装箱→贮存

（2）工艺要点

① 原料挑选、清洗、表面消毒。鲜枣采收后选择质量较好的作为速冻原料，挑出表面不完整和有碰伤、有病斑的枣。用清水将鲜枣清洗 3 遍，去掉表面的尘土和农药残留。将消毒剂溶于清水中并搅匀，将枣在溶液中浸泡 $1min$，以杀灭鲜枣表面的微生物，使产品达到国家食品卫生标准，再用经过过滤和紫外线消毒的水洗掉消毒剂。

② 脱水、装袋。采用风机吹去鲜枣表面的水分。将脱水后的鲜枣按定量装入复合塑料袋中，热合封口。操作中应符合卫生要求，避免二次污染。

③ 预冷、速冻。将袋装鲜枣装入周转箱，推入冷藏间进行预冷，预冷温

度为0℃左右，预冷时间12h。将预冷后的鲜枣推入速冻间，速冻温度−20℃以下，速冻时间为12~20h。

④ 检验、装箱、贮存。分批抽样，检验合格的速冻鲜枣装箱，置于贮藏间贮存或出厂销售，贮存温度为−20℃。

十一、速冻杏

杏，又称杏子，是蔷薇科落叶乔木植物，原产于我国。杏富有营养、医疗和保健功效。杏肉中含有丰富的矿物质、维生素和人体必需氨基酸，其中 β-胡萝卜素的含量为水果之冠。β-萝卜素可阻止肿瘤形成、延缓细胞和机体的衰老。

（1）工艺流程

原料选择→原料处理（清洗、切半、去核）→护色→漂烫→冷却→速冻→包装→冷藏

（2）操作要点

① 原料选择。当杏的色泽变为橙黄色、成熟度为八成时采收，尽量做到当天采收当天加工。去除有病虫害、霉烂、畸形及锈斑的果实。

② 原料处理。用清水洗去原料上的泥沙，去除杏果柄部分，然后用刀沿缝合线切半去核，并立即投入5%~6%的维生素C溶液中护色，防止杏肉褐变。

③ 烫漂。采用螺旋式连续热烫机，加工数量不大时，也可用夹层锅或不锈钢制成的热烫槽代替。热烫水的温度一般在90℃左右，烫漂3~5min，以原料烫透但不熟为好。热烫后将杏捞出，迅速投入冷水中冷却，防止杏肉继续受热力作用而过熟。

④ 速冻。可用隧道式速冻机进行速冻，将冻结间先行预冷至−25℃以下。将原料由提升输送带送入振动筛床，把原料振散后送入冻结间输送网带，高速冷气流从网筛格隙由下向上吹散原料，进行单体快速冻结。冻结温度在−30℃以下，至原料中心温度达−18℃以下，冻结完毕。

⑤ 包装与冻藏。包装车间必须保持在−5℃的低温环境，内包装用0.6~0.8mm厚的无毒薄膜袋，每袋装500g。外包装用瓦楞纸箱，每箱净重10kg，箱外用胶带纸封口，刷明标记，送入冷库冻藏。速冻杏存放于−20~

−25℃的冷藏库中，温度波动范围±1℃，冷藏温度保持稳定。

十二、速冻番木瓜

番木瓜又称木瓜、乳瓜，为热带、亚热带常绿软木质大型多年生草本植物。番木瓜可鲜食，同时具有多种加工用途，被誉为"百益果王"。成熟的番木瓜果实营养丰富，含有维生素、酶类（如木瓜蛋白酶、木瓜凝乳酶、脂肪酶、果胶酯酶、溶菌酶、过氧化氢酶、酚氧化酶等）、矿物质元素（钙、铁、锌、硒、磷、钠、钾、镁）、氨基酸等，其中维生素C的含量是芒果的3倍、菠萝的4倍，维生素A的含量是菠萝的20倍。

（1）工艺流程

原料验收→清洗→去皮、去籽→切丁→预冷→沥水→速冻→检查→包装→金属探测→抽检→冷藏→冷链运输

（2）操作要点

① 选果、清洗。选用的番木瓜新鲜无严重病虫害，农药残留符合标准要求。成熟度要求为果肉淡黄色，有一定硬度、未软化，即七分熟左右。用流动清水漂洗，洗去果皮表面的尘土、泥沙及黏附在其表面的微生物等杂质。

② 去皮、去籽、切丁。将清洗后的番木瓜立即进行去皮、去籽、切丁处理，可采用手工去皮、去籽、切丁（注意番木瓜果肉不可直接接触金属表面，应用不锈钢刀切丁），然后将番木瓜果丁由输送带送往预煮机预煮。

③ 预冷。根据速冻理论，冻结前物料的品温越接近冻结点，则物料冻结速度越快，产品的质量越好，生产能力也大。因此，速冻前应采用5℃左右的冷却水浸泡将料温降低至10℃左右。为了抑制致病菌等微生物的生长繁殖，冷却水须经砂棒过滤器和紫外线杀菌器处理，然后添加次氯酸钠，并保证有效浓度在4～5mg/L。每班更换一次冷却水以保证冷却水的卫生安全。

④ 沥水、速冻。预冷后的番木瓜丁通过不锈钢输送带送往冷冻区的同时进行轻微振动，去掉果肉表面多余的水分，防止冷冻时果丁联结在一起。采用流化床式速冻方法，温度−30～−40℃、流速4～5m/s的冷空气从输送带下面往上吹，将果肉吹起似沸腾状进行速冻。速冻过程分为两区段完

成，第一区段为表层冻结区，第二区段为深温冻结区。果丁进入冻结室后，首先进行快速冷却，即表层冷却至冰点温度使表层冻结，果丁间、果丁与不锈钢带间成散离状态，彼此间互不粘连，然后进入第二区段深温冻结至中心温度为−18℃以下，整个冷冻过程应保证在 30min 内完成。

⑤ 检查、包装。冻结的果丁从冷冻室出来后至包装前，在运行的输送带上由人工检查，剔除有黑点或果皮的果丁和杂质，粘连的果丁则拣出放回冷却水中解冻分离，重新冷冻。包装材料经过预冷和紫外线杀菌处理后进入包装间。内包装用聚乙烯薄膜袋，外包装用纸箱。

⑥ 检验。包括金属探测器探测和成品的抽查。去皮、切丁和速冻工序可能因工具、设备破损或螺钉脱落而在产品中残留金属碎片，所以须用金属探测器对包装后的每一箱产品进行金属检查，合格者方可入库。成品的抽查包括温度检查和不良率检查，抽样率为 3%。温度检查，即用温度计插入包装箱中心测定果肉品温，温度应低于−18℃，否则重新冷冻；不良率检查则是开箱检查，将 3 丁以上（含 3 丁）的联结团、带黑点或果皮的果丁拣出称重，这部分果丁的重量占样品总重的比率称为不良率。

⑦ 冷藏及冷链运输。冷藏库和冷藏车的内部温度应保持在−18℃以下，温度波动要求控制在 2℃内。

（3）品质标准

① 感官指标。色泽：淡黄色，色泽基本一致；形态规格：15mm×15mm 或 10mm×10mm，大小均匀；异物：不得检出；不良率≤5%。

② 卫生指标。大肠杆菌、致病菌不得检出。

十三、速冻枇杷

枇杷，又名芦橘、金丸、芦枝，为蔷薇科枇杷属植物，原产于中国东南部，因叶子形状似琵琶乐器而得名，果子在春天至初夏成熟，比其他水果都早，因此被称为"果木中独备四时之气者"。成熟的枇杷味道甜美，营养颇丰，含有果糖、葡萄糖、钾、磷、铁、钙以及维生素 A、B 族维生素、维生素 C 等。其中胡萝卜素含量在各水果中位居第三位。中医认为枇杷果实有润肺、止咳、止渴的功效。吃枇杷时要剥皮。枇杷皮薄不耐贮存，除了供鲜食外，亦有以枇杷肉制成糖水罐头的，也可用枇杷酿酒。

（1）工艺流程

原料验收→整理清洗→去皮、去核→护色→烫漂冷却→沥水→速冻→包装→冷藏

（2）工艺要点

① 原料验收。选取色泽鲜黄、成熟度适度、新鲜饱满、单体重和横径符合产品要求的原料。采摘后应及时加工，不能及时加工的则须贮存在温度为 5～6℃、相对湿度为 85％～90％ 的库内。

② 整理与清洗。摘去果梗，去除成熟度不足、畸形、腐烂、有病虫及机械损伤的枇杷果，然后置于流动水槽内，用清水洗去泥沙等杂质。

③ 去皮、去核。将清洗后的枇杷果用刀沿缝合线切半后立即进行去皮、去核，可采用手工去皮、去核。

④ 护色。去皮、去核后立即投入 5％～6％ 的维生素 C 溶液中护色，防止果肉褐变。

⑤ 烫漂、冷却、沥水。采用螺旋式连续热烫机，加工数量不大时，也可用夹层锅或不锈钢制成的热烫槽代替。热烫水的温度一般在 90℃ 左右，烫漂 3～5min，以原料烫透但不熟为好。热烫后将果肉捞出，迅速投入冷水中冷却，防止果肉继续受热力作用而过熟。

⑥ 速冻。可用隧道式速冻机进行速冻，将冻结间先行预冷至 -25℃ 以下。将原料由提升输送带送入振动筛床，把原料振散后送入冻结间输送网带，高速冷气流从网筛格隙由下向上吹散原料，进行单体快速冻结。冻结温度在 -30℃ 以下，至原料中心温度达 -18℃ 以下，冻结完毕。

⑦ 包装。包装车间必须保持在 -5℃ 的低温环境，内包装用 0.6～0.8mm 厚的无毒薄膜袋，每袋装 500g。外包装用瓦楞纸箱，每箱净重 10kg，箱外用胶带纸封口，刷明标记，送入冷库冻藏。

⑧ 冻藏。速冻枇杷果存放于 -20～-25℃ 的冷藏库中，温度波动范围 ±1℃，冷藏温度保持稳定。

十四、速冻杨梅

杨梅，又称白蒂梅、树梅，属于杨梅科杨梅属小乔木或灌木植物。果实色泽鲜艳，汁液多，甜酸适口，营养价值高。优质杨梅果肉的含糖量为

12％～13％，含酸量为 0.5％～1.1％，富含纤维素、矿物质元素、维生素和一定量的蛋白质、脂肪、果胶及 8 种对人体有益的氨基酸，其果实中钙、磷、铁含量要高出其他水果 10 多倍，具有很高的药用和食用价值。

（1）工艺流程

原料采收→整理与清洗→驱虫→漂洗→分级→检验→沥水→快速冻结→包装→冷藏

（2）工艺要点

① 原料采收。选取色泽呈灰紫红色至紫墨色、成熟适度、新鲜饱满、单体重和横径符合要求的杨梅。采摘后应及时加工，不能及时加工的则须贮存在温度为 1～2℃、相对湿度为 85％～90％的库内，但最长不超过 3 天。

② 整理与清洗。摘去果梗及果实四周的花，去除成熟度不足、畸形、腐烂、有病虫及机械损伤的杨梅，然后置于流动水槽内，用清水洗去泥沙等杂质。

③ 驱虫和漂洗。将杨梅浸没在 5％的食盐水中（食盐溶解后需过滤）约 10～15s，以除去果实上的小虫，然后再经二道清水漂洗，以去除盐水及黏附在杨梅表面的小虫和其他杂质。

④ 分级、检验和沥水。经漂洗后的杨梅，按产品要求进行分级和检验，并沥干水分。

⑤ 快速冻结。氨制冷系统蒸发温度为 -40～-45℃，冷冻机网带上室温控制在 -32～-35℃，冻结时间约 10～15min，冻结后杨梅中心温度达 -18℃以下。

⑥ 包装和冷藏。冻结后成品在冷间迅速灌袋、称量、封口，并立即将冻品送入 -18～-20℃的低温库中冷藏。

十五、速冻香蕉

香蕉，芭蕉科芭蕉属植物。香蕉盛产于热带、亚热带地区，为世界四大名果之一，热带地区广泛栽培食用，在人们的生活中占有十分重要的位置。香蕉味香，富含营养，终年可收获，在温带地区也很受重视。香蕉果肉营养价值颇高，每 100g 果肉含糖类 20g、蛋白质 1.2g、脂肪 0.6g，还含有多种微量元素和维生素。香蕉具有独特的浓郁香味和风味，果肉嫩滑，深受消费者青睐，但香蕉质地松软，水分含量高，后熟较快，易受损伤腐烂，给果品保鲜、仓储、长途运输带来了极大的困难。

（1）工艺流程

原料选择→去皮→去络→切片→护色→速冻→检测→保存

（2）工艺要点

① 原料选择。选取九成熟的香蕉，成熟度要求为果皮淡黄色，有一定硬度、未软化，无腐烂。

② 去皮、去络。手工去皮去络，注意不要损伤果肉。

③ 切片。将香蕉果肉切片，厚度 6～12mm，但从硬度、口感等方面综合考虑厚度以 8mm 为宜。切片后放入护色液中。

④ 护色。将所选取的试剂分别配制成一定浓度的溶液（柠檬酸 0.2%～0.5%，偏重亚硫酸钠 0.005%～0.1%，抗坏血酸 0.03%～0.1%，氯化钠 0～4%），将香蕉片浸入配好的护色剂溶液中浸泡 3～12min，随后取出。

⑤ 速冻。将供试物料直接在冻干机的冻结仓中进行冻结，通过最大冰结晶生成带的时间应小于 15min。

⑥ 保存。速冻香蕉片存放于 −20～−25℃ 的冷藏库中，温度波动范围 ±1℃，冷藏温度应保持稳定。

第二节　速冻蔬菜的加工实例

一、速冻西蓝花

西蓝花，又称嫩茎花椰菜、绿花菜，属十字花科芸薹属甘蓝变种，原产于意大利。西蓝花富含蛋白质、糖、脂肪、多种维生素和矿物质，营养成分齐全，具有很高的市场价值，是我国出口蔬菜主要种类之一。然而，西蓝花采摘后常温下代谢活动十分活跃，呼吸作用很强，花球会在 1～7d 内黄化萎蔫，其营养成分也迅速降解，失去商业价值。采用速冻加工工艺可以长时间保持西蓝花的色、香、味和营养价值，满足国内外市场的需求。

（1）工艺流程

原料挑选→预处理→护色→清洗与沥水→热烫→冷却、沥干→速冻→包

装→检验→冻藏

（2）操作要点

① 原料挑选。原料新鲜度是决定西蓝花色、香、味的首要因素。原料越新鲜产品的色、香、味就越好，营养物质保存得就越多，产品的质量也就越佳。因此原料从采收到加工的时间越短，产品质量就越好，在加工过程中要做到快速加工，不积压，不堆垛。原料成熟度要适中，要做到适时收获，即花蕾球已充分发育良好，花簇紧密整齐，尚未松散和吐花之前为最佳。收获太早则花蕾尚未充分发育成熟，产量低；收获太晚则蕾球松散，花蕾开放，露出黄色的小花瓣，花球面高低不平。原料应呈青绿色，无发黄、虫蛀、黑斑霉烂和污染现象；每只蕾球不小于 400g。

② 预处理。为便于产品包装和销售，根据市场的消费习惯，必须将蕾球按蕾簇的生长顺序切割成带嫩茎的小朵形花蕾簇，花蕾面径的宽度约3cm，蕾茎长度为 4～5cm，同时要修除花蕾簇面部的异色小斑点，削净茎部皮层的粗老纤维质和黑色病斑点，要保持茎面光滑美观。

③ 护色。为防止削面的氧化褐变，经切削带茎的小朵花蕾簇应立即浸入 2%～3% 的食盐水溶液内浸泡 30min 左右，同时达到驱除潜伏在花蕾簇内的小昆虫的目的。

④ 清洗与沥水。经盐液浸泡后的原料应立即移入流动的清水池中反复漂洗，以清除盐水残留及原料本身携带的尘土、泥沙等杂质，使原料达到清洁卫生的要求。将洗净后的原料移入振动筛网或离心甩干机内除去表面水分，然后进行热烫。

⑤ 热烫与冷却。即把原料投入沸水或蒸汽中烫几分钟或几秒钟后取出，并迅速冷却。主要作用是破坏蔬菜中氧化酶的活性，抑制和阻止蔬菜在冻结、冷藏过程中由于酶类引起的变色和产生异味。因此，热烫温度和时间的选择是保持蔬菜色、香、味的重要环节。热烫设备最好选用螺旋式连续热烫机，即热烫机和冷却槽衔接在一起构成的热烫冷却流水线。

沥水后原料由原料口进入机内沸水中进行热烫处理，水温保持在 96～98℃，热烫时间为 1.5～2.0min。温度可以自动控制，温差变化小，时间可自动调节，投料均匀，热烫效果好。热烫后的原料随即置入冷却槽迅速冷却降温。生产能力小的厂家，热烫设备可采用夹层锅或不锈钢板焊制成的长方形热烫槽，槽的大小可根据生产能力设计，一般可容纳 150kg 的清水，水与原料的质量比为 10∶1，槽中通入蒸汽进行加热，待水沸将装在篮筐中的原料约 15kg 浸入沸水中，水温需保持在 96～98℃，时间为 1.5～2.0min。热烫时轻轻翻转原料数次，使原料受热均匀。热烫用水的水质必须符合国家饮用水的标准，要经常更换新水，以保持水质清洁卫生，同时要控制好热烫水的 pH 值在 7～8 之间，保持水质呈弱碱性，必要时可加入适量的碳酸氢钠水溶液加以调配，这样能使叶绿素水解产生的叶绿原酸与钠结合形成稳定的钠盐，保持蔬菜的绿色。否则，在原料的连续漂烫过程中溶于热水的有机酸会使热烫水的酸性增强，而绿色蔬菜在酸性环境中，叶绿素中的镁离子会被氢离子取代，使叶绿素受到破坏，变成脱镁叶绿素，从而使绿色蔬菜失去鲜艳的绿色光泽以致褪色变黄。热烫后蔬菜本身的温度还很高，若不及时冷却，蔬菜会过度软化，从而使产品的品质下降。冷却介质的温度要低，而且速度要快，这是保持西蓝花脆度和色泽的根本保证。冷却方法是将烫漂过的原料先用冷水喷淋降温后再移入 5℃ 以下的冷却水池中继续冷透。如采用符合卫生标准的碎冰水进行冷却降温，则效果更佳。

⑥ 原料的速冻。对原料必须采用快速冻结法，快速冻结是保证绿色蔬菜原有色、香、味的重要条件。只有采用快速冻结法，才能使蔬菜内 90% 的自由水在细胞内和细胞间隙同时形成微小、均匀的冰晶体，才能使冻品达到最大的可逆性，从而才能最大限度地保持蔬菜原有的色、香、味。流态式冻结机是单体快速冻结的一种理想设备。在速冻前将速冻机先用高压水枪冲洗消毒，随后开机，将冻结间先预冷至 −25℃ 以下，再将处理过的原料由提升输送带送入振动筛床，沥尽水分并把原料振散后送入冻结间冻结，冻结温度应控制在 −25～−20℃，冻结时间为 8～10min，使原料的中心温度达到 −18℃ 以下。冻结完毕，冻品由冻结间出料口的滑槽连续不断地排出机外，落到皮带输送机上送入 −5℃ 的包装车间。

⑦ 包装、检验。为防止冻品在包装过程中温度波动，影响冻品品质，包装车间的温度必须保持在 −5℃ 以下，包装纸箱必须先预冷后再使用。包装工人的动作要熟练，操作要迅速，非包装工人不得任意出入包装车间，要做到冻品边出边装袋、边称重，并迅速通过金属检测器检查后立即封口装箱。内包装通常使用 0.06～0.08mm 厚的聚乙烯薄膜袋，每袋装 500g；外包装为双瓦楞纸箱，必须具有良好的防潮性能和承受耐压能力，每箱装 20袋，总质量为 10kg。装箱完毕后刷明标记，送入冷库冻藏，切不可久留在

包装车间。

⑧ 冻藏。冻品必须存放在冻菜专用的冷藏库内，冷藏温度为−25～−20℃，温度波动范围为±1℃，相对湿度为95％～100％，波动范围在5％以内。冷藏温度要基本稳定，冷藏温度和冻结温度要保持基本一致。在冷藏期间不仅要注意冻品存放时间的长短，更要注意冷库温度的波动，以确保冻品质量。

二、速冻花菜

花菜，学名花椰菜，属十字花科植物甘蓝，以巨大花蕾供食。花菜营养丰富，质体肥厚，蛋白质、微量元素、胡萝卜素含量均丰富。每百克花菜含蛋白质2.4g、维生素C 88mg，分别是北京大白菜的2.2倍和4.6倍。花菜是防癌、抗癌的保健佳品，所含的多种维生素、纤维素、胡萝卜素、微量元素硒对抗癌、防癌有益。

（1）工艺流程

原料预处理→清洗→烫漂→冷却→速冻→包装→成品冷藏

（2）操作要点

① 原料预处理。选择新鲜优质花菜作原料。要求外形好，丰满，大小整齐，保持鲜菜本色，表面有蜡质光泽；菜的组织结构紧密，无破损，质地脆嫩，含纤维少、糖分多；蔬菜成熟度70％～90％为佳。尽量缩短从收获到加工的时间，防止过熟变软，避免病虫害及腐烂现象。严禁选用次菜加工。花菜原料进厂首先经过品管部检验，检验达到标准方能投入生产。检验合格产品进行预处理，人工挑选出不合格产品，将合格产品集中进行清洗。

② 清洗。清洗主要是除去原料表面附着的灰尘、泥沙、异物、微生物及部分残留农药，以保证产品的清洁卫生。

③ 烫漂、冷却。烫漂、冷却是速冻花菜生产的重要环节。烫漂目的：破坏花菜中过氧化物酶的活性，防止在冻结、冷藏过程中产生黄色和出现异味，以保持白花菜的营养成分；杀灭原料表面的微生物、虫卵；减少农药残留；除去细胞组织内部的空气和水分，使产品组织柔软，体积缩小，利于产品包装，提高成品品质。操作过程中烫漂时间及温度对产品品质有很多的影响。烫漂温度95℃以上，时间80～120s，烫漂后应迅速冷却，冷却至品温

为 5～10℃，最好使用 5℃的冷却水，冷却要彻底。

④ 速冻。冻结温度在－35℃以下，以保证冻品不结块，冻结良好。冻品中心温度应在－18℃以下。冻结中途不得频繁进出货，否则会导致跑冷多，温度波动大，延长冻结时间，造成慢冻，影响产品品质。

⑤ 包装。速冻后必须在低温－5℃包装车间内装袋、称重，并通过金属检测器检查，然后封口、装箱等。装箱时，剔除破碎、变形、变色等不良品。装袋量要足，不得出现负误差。袋口须封紧，不能出现褶皱、歪斜、开口等现象。包装材料的选择：内包装必须是无毒、无味、耐低温、透气性低的 0.06～0.08mm 厚的聚乙烯薄膜袋；外包装用双瓦楞纸箱，表面涂防潮油层，内衬一层清洁蜡纸。

⑥ 成品冷藏。速冻的花菜必须在专用冷藏库内贮存，不能与其他蔬菜混存，以免引起污染，影响花菜的风味和口感。冷藏温度和冻结温度基本保持恒定，温度的波动幅度为±1℃。如温度波动太大，会使花菜细胞中原来快速冻结所形成的微小冰晶体，在温度上升时反复溶化而重结晶，破坏微小冰晶体的结构，慢慢形成大的冰晶体，造成产品品质下降。冷藏库的相对湿度控制在 95％～100％之间，变动幅度应在 5％以内。

三、速冻菠菜

在绿叶蔬菜中，菠菜的营养比较丰富，每百克含胡萝卜素 3.78mg，为绿叶菜之首。一个健康人每日需求胡萝卜素 4mg，每天食用一盘炒菠菜就能满足人体对胡萝卜素的需求。另外，叶核黄素含量也高于其他绿叶菜。菠菜吃法很多，除了素炒外，可与肉丝、肚丝、腰花、鸡杂等同炒；而且可汤、可羹、可馅。初夏时，菠菜还是很好的凉拌菜，辅以芝麻酱、盐、醋和麻油，口感清爽利口。菠菜还有一种别致的吃法，就是绞取汁液，用来和面，做烧卖、水饺或面条等。菠菜有养血、止血、敛阳、润燥之功效，对儿童或老年人便秘有较好的食疗作用。但由于季节性生产，不能全年供应，满足不了人民生活的需求。若采用较先进的速冻方法保藏，可有效地保持制品原有的新鲜度、自然色泽和营养成分，而且可全年供应。

（1）工艺流程

原料选择→清洗→烫漂→冷却→沥水→装盘→速冻→包装→冷藏→出库

（2）操作要点

① 原料选择。选择嫩叶肥厚、色泽新鲜、尚未老化的菠菜为宜，去除老叶、枯叶、虫叶、蜘蛛网叶等不良叶片。

② 清洗、烫漂。用净水冲洗菠菜叶间及梗与梗之间的污物，如泥土、灰尘等，不得揉搓。要求烫漂液温度为 98～100℃，烫漂时间一般为 30～50s，烫漂液由 0.2％食盐、0.05％柠檬酸和水配制而成，pH 值 6.2～6.8。

③ 冷却。将烫漂过的菠菜捞出，倒入 0℃冷水池内冷却，注意不断翻动，或用机械方法使水循环流动。

④ 沥水。放入特制的不锈钢网状架上沥水。

⑤ 装盘、速冻。将菠菜整齐地摆放于速冻盘内，装盘厚度 5～7cm，于−30℃以下速冻，要求速冻后菠菜无冻粒，不结块。

⑥ 包装、冷藏。将速冻后的菠菜按规格大小整好，有序地装入塑料袋内（250g），准确称量、封口，装箱，10kg 一箱，于−18℃的库内冷藏。

四、速冻青豆

青豆属于豆科大豆属一年生攀缘草本植物。青豆除了含有蛋白质和纤维素外，它也是人体摄取维生素 A、维生素 C 和维生素 K，以及 B 族维生素的主要食物来源之一。青豆还能提供少量钙、磷、钾、铁、锌等矿物质元素。青豆富含不饱和脂肪酸和大豆磷脂，有保持血管弹性、健脑和防止脂肪肝形成的作用。研究表明，青豆可以为人体提供儿茶素以及表儿茶素两种类黄酮抗氧化剂，这两种物质能够有效去除体内的自由基，预防由自由基引起的疾病，延缓身体衰老速度，还有消炎、广谱抗菌的作用。

（1）工艺流程

原料选择→去荚→分级→浮选→漂洗→拣豆→浸烫→冷却→速冻→称重→装袋→装箱→冷藏

（2）操作要点

① 原料选择。选用绿色、豆粒饱满、组织鲜嫩、无病虫害的青豆，以早、中期豆荚为好。

② 去荚。通常在脱粒去荚机上进行。去荚后的豆粒，经外滚筒的筛孔，落入倾斜的收集器中。去荚时的投料速度应均匀，以免使豆粒破裂，影响产

品质量和出品率。

③ 分级。按豆粒直径大小分级，可采用圆筒式分级机。青豆直径 5～7mm 为 1 级，7～8mm 为 2 级，8～9mm 为 3 级，9～10mm 为 4 级，10mm 以上为 5 级；分级后分别盛放。有时还需进行老嫩分级。

④ 浮选。将分级后的青豆分别放入约 16°Bé 的盐水中，捞取上浮的青豆作原料，下沉的老青豆作次品处理。每批浮选的时间不超过 3min。浮选盐水的浓度应经常调整，一般浮选 2～3 批后，校止盐水浓度 1 次。

⑤ 漂洗、拣豆。用清水将经浮选的青豆上的盐分和小虫等漂洗干净。将漂洗干净的青豆倒在洁净的工作台上，拣出失去天然绿色的不正常颜色的豆，以及表面破裂、有病虫害的青豆，同时拣掉碎屑等杂质。

⑥ 浸烫。将拣好的青豆置于沸水中，浸烫 1.5～3min，至食时无生豆味为宜。浸烫中要适当翻动，使其受热均匀。浸烫的沸水温度下降后，要及时更换。

⑦ 冷却。为防止豆粒突然受冷，使豆皮收缩而呈皱纹状，冷却应分次进行。可放进冷却循环水中，直至 10℃时取出沥水。

⑧ 速冻。青豆适合用悬浮式冻结法冻结。在 −30℃ 以下的温度冻结 7～10min，使豆粒品温达到 −18℃。

⑨ 称重、装袋。将称重后的青豆装入经检验合格的包装袋中，立即封口。要求封口线与袋边平行相距约 1cm，封口良好，不开裂，不皱缩。青豆每袋装 5kg，酌增 1%～2%。

⑩ 冷藏。袋装青豆装箱后即为成品，立即置于 −18℃～−20℃ 的冷藏库中。入库应及时、定量，库温应保持正常和稳定，使产品原有品质不受影响。

五、速冻甘薯茎尖

甘薯又名红薯、地瓜、甜薯、白薯等，它属于旋花科植物，是一年生草本植物。人们常以根食之，而往往忽略了叶，其产品附加值不高。然而，随着科学技术的提高，人们对甘薯茎尖的营养价值与保健作用越来越重视。研究表明，甘薯茎尖（100～150mm 段）、嫩叶及叶柄，作蔬菜用营养价值很高。据有关化验分析，茎尖粗蛋白含量为干重的 12.1%～25.1%。茎叶和茎尖的蛋白质含量为 2.7%，钙为 74mg/kg，铁为 4mg/kg，胡萝卜素为 5580 IU/100g，烟酸为 6～10mg/kg，维生素 B_1 为 3mg/kg，维生素 B_2 为 2.1mg/kg，维生素 C 为 41.07mg/kg，尤其是胡萝卜素含量比胡萝卜高出 3.8 倍，是多种蔬菜不可比拟的。科学研究表明，甘薯茎尖具有补虚益气、健脾强肾、益肺生津、补肝明目、抗癌、延缓衰老等作用。目前，欧美和日本等掀起了一股"甘薯热"。在我国，由于甘薯茎尖的保鲜及运输问题迟迟未解决，所以尽管产量大，但一直没有被充分利用起来。速冻甘薯茎尖是速冻蔬菜的新品种，和其他速冻蔬菜一样，可较大程度地保持新鲜甘薯茎尖原有的色泽、风味和营养，可作长期贮藏，且食用方便，是一种不可多得的天然绿色保健食品。

（1）工艺流程

原料采摘→清洗→烫漂→冷却→速冻→包装→冷藏

（2）操作要点

① 原料采摘。选取甘薯秧蔓顶端 100～150mm 段的嫩茎尖，剔除老叶、黄叶、虫叶、蜘蛛叶，要求无虫眼，无霉叶，叶色亮绿、鲜嫩。采摘时要求不浸水捆扎，用专用塑料篮散装，及时运输加工，以免发生变质。

② 清洗。将采回的嫩尖放于流动水下冲洗，将上面的尘土、泥沙冲掉。因速冻甘薯茎尖食用时不再洗涤，解冻后直接烹饪，所以必须清洗干净。

③ 烫漂。为了保持嫩尖的颜色鲜绿，采用 $NaHCO_3$ 溶液护色。即把含 0.01% $NaHCO_3$ 的水烧至 100℃，将甘薯茎尖用塑料吊篮迅速放入其中，要求烫漂 5～10s，达到半熟程度，立即送预冷间。烫漂时间应适度，烫漂时间过长以及不及时冷却，都会使速冻茎尖在贮藏中变色、变味、质量下降，并使贮藏期缩短；烫漂时间过短起不到杀菌和灭酶的效果。

④ 冷却。将送入预冷间的嫩尖迅速置于流动的冷却水中进行冷却冲洗，使其内部充分冷却，温度下降至 10℃左右，然后沥干水分。

⑤ 速冻。采用平面网带式速冻机，迅速冻结甘薯茎尖。冻结器平均温度−32℃，冻品进货平均温度约 15℃，出货温度−18℃。应控制好茎尖最大冰晶区生成的冻结速度、时间，以免甘薯茎尖产生大冰晶，叶组织细胞大幅度被破坏，造成解冻后营养成分的流失，失去应有的鲜味和形态。

⑥ 包装、冷藏。一边速冻，一边定量包装，一般规格为 0.5kg、1kg 或 2kg，采用食品用塑料袋作为内包装，然后放入 20kg 计量防水外包装纸箱，

打包捆扎，要求贮藏温度-18℃以下。

⑦ 产品质量及卫生标准。形体要完整，长短一致，无腐烂现象，色泽呈草绿色。重金属含量符合国家卫生标准：Pb≤1.0mg/kg，As≤0.5mg/kg，Cu≤1.0mg/kg，Hg≤0.01mg/kg。

六、速冻荆芥

荆芥，别名香荆荠、线荠、四棱杆蒿、假苏，是唇形科荆芥属多年生植物，人们常食其当年生嫩茎叶。荆芥为中国八大祁药之一，其具有丰富的营养和独特的风味。现代药理研究发现，荆芥具有解热、镇痛、抗炎、抗病原微生物、止血和抗氧化等作用。

（1）工艺流程

原料处理→烫漂、冲洗→整理→分装→沥水→预冷→冻结→挂冰衣→包装→贮藏

（2）加工要点

① 原料处理。选择幼嫩、新鲜、粗壮、无虫蛀的荆芥，放入洗涤槽中用清水洗干净，捞出沥干。

② 烫漂、冲洗。荆芥放入浓度为0.2%的葡萄糖酸锌沸水溶液中烫漂，时间1~2min。烫漂后以其组织柔软而不烂为度，必要时可加入0.5%的柠檬酸调节pH值至6.0。烫漂后快速用冷水冲洗冷却至室温。

③ 整理、分装、沥水。冷却后的荆芥去掉茎条下部较老的部分，按规格、重量整齐码入底带小孔的冷冻盘内，沥干水分。

④ 预冷、冻结。荆芥带盘预冷至0℃，再放入-30℃速冻机内冻结至中心温度达-18℃。

⑤ 挂冰衣。冻结成块的荆芥从盘磕出，放入10℃水中稍浸，使表面挂上一层薄而均匀的冰衣。

⑥ 包装、贮藏。装袋（聚乙烯薄膜袋）、封口、装箱，并迅速转入-18℃以下冷库进行贮藏。

七、速冻甜玉米

甜玉米是玉米的一类，又称蔬菜玉米，为禾本科植物。甜玉米是欧美、

韩国和日本等发达地区的主要蔬菜之一。因其甜、鲜、脆、嫩且营养丰富的特色而深受各阶层消费者青睐。甜玉米含水量和含糖量高，呼吸作用旺盛，采后籽粒易失水，造成鲜度、甜度下降，其营养成分损失也较快，可直接影响甜玉米的风味和食用品质。对甜玉米进行速冻加工可以最大程度地保证新鲜甜玉米原有的色泽、风味，使甜玉米的营养成分及外观基本不变，以保证其商品价值。

（1）工艺流程

原料采收→预冷→剥皮清理→清洗→分选→切头→预煮→冷却、沥水→速冻→称量包装→检验→冷藏。

（2）操作要点

① 原料采收。采用人工采收，要求轻拿轻放，防止籽粒受损，避免暴晒和雨淋。在甜玉米水分含量为70%～75%的乳熟初期采收。剔除褶皱、青枯的苞叶甜玉米，选择青绿的苞叶甜玉米为原料。

② 预冷。刚刚采集的原料温度较高，呼吸作用旺盛。为抑制呼吸，原料采收后应在6h内用4℃冷水循环冷却15～20min，之后进行下一个环节，以减缓甜玉米品质下降。

③ 剥皮清理。采用人工方法剥皮。清除苞叶，掰除玉米茎端，要仔细检查，彻底清除玉米皮、花丝及其他附着杂物。同时去除虫蛀、发霉、腐烂、缺粒、杂色、成熟度过高或过低的不合格玉米。对甜玉米进行清洗，清洗包括浸泡和漂洗两道工序。一般冲洗前要先浸泡。将清理干净的甜玉米穗放入质量分数为2%的氯化钠溶液中浸泡25～30min。浸泡完成后，用清水冲洗10～15min。此工序主要目的是杀菌除虫，同时清洗原料表面的杂质。

④ 分选、切头。根据市场需求将玉米穗按照标准进行分类。一般来说，按直径进行分级，直径4.5～5cm为一级，3.8～4.4cm为二级。切头工序主要是根据速冻整穗甜玉米的企业标准，在不锈钢的切头机上去头去尾，切面要平整光滑。

⑤ 预煮。预煮又称烫漂，是甜玉米速冻保鲜储存加工工序中的重要工序。将切好的整穗甜玉米放入温度为90～95℃水中煮15～20min。主要目的是抑制甜玉米中酶的活性，对甜玉米表面进行杀菌，并保持甜玉米的特有光泽。

⑥ 冷却、沥水。烫漂后要立即进行冷却，长时间高温会严重影响甜玉

米品质。冷却分两步进行，首先在 10～15℃ 的凉水中浸泡，到玉米温度降至 30℃ 时，再在 0～5℃ 冷水中冷却至温度 5℃ 以下，要求冷却透彻。

⑦ 速冻。速冻是甜玉米保鲜的最关键环节，此环节的关键要素是温度和时间。对于整穗甜玉米，采用流化床式速冻隧道速冻，流化床装置内核实温度要求为 -30～-40℃，带下冷空气流速为 6～8m/s，对直径为 4.5～5cm 的玉米穗，速冻时间为 8～15min。要求玉米穗中心温度降至 -18℃ 以下。

⑧ 称量包装。在包装前再进行挑选，将在前几道工序中破坏的玉米穗挑出，保留完整的合乎标准的玉米穗，进行称重包装。包装在 -5℃ 的条件下进行，用聚乙烯薄膜包装袋包装，必要时可以采用真空包装；一般两穗一袋或者四穗一袋。

⑨ 检验。检验包装完毕的玉米穗是否合乎标准，从以下三个方面进行，一是感官指标，二是理化指标，三是微生物指标。感官指标：产品呈现淡黄色或者金黄色；籽粒完整、饱满，无残粒、虫蛀、缺粒、杂色；籽粒排列紧密，形态一致；具有甜玉米应有的滋味和气味，无不良气味；产品允许有极少量花丝，无其他杂质。理化指标：黄曲霉毒素 B≤5μg/kg，氯化钠≤0.5%，铅≤1mg/kg，砷≤0.5mg/kg，食品添加剂按 GB 2760 执行。微生物指标：菌落总数≤300000 个/g，致病菌不得检出，霉菌计数≤150 个/g。

⑩ 冷藏。检验合格后，将包装好的速冻玉米冷藏，冷藏温度为 -18～-20℃，相对湿度为 95%～98%。在冷冻条件下大多数微生物的生长活动可被抑制，可大大延长甜玉米的保存期，也可大大提高 β-胡萝卜素和维生素 E 的保存率，从而可较长时间保持其品质，维持其固有的风味与口感。

八、速冻莲藕

莲藕微甜而脆，可生食也可做菜，而且药用价值相当高，它的根、叶、花、果实，无不为宝，都可滋补入药。用莲藕制成粉，能消食止泻，开胃清热，滋补养性，预防内出血，是妇孺童妪、体弱多病者上好的流质食品和滋补佳珍。每百克莲藕含水分 77.9g、蛋白质 1.0g、脂肪 0.1g、糖类 19.8g、热量 84kcal（1kcal=4.1840kJ）、粗纤维 0.5g、灰分 0.7g、钙 19mg、磷 51mg、铁 0.5mg、胡萝卜素 0.02mg、硫胺素 0.11mg、核黄素 0.04mg、烟酸 0.4mg、抗坏血酸 25mg。

（1）工艺流程

原料选择→刷洗→截段、去皮→护色→切片→分级→热烫→冷却→速冻→挂冰衣→装袋→称重→封口→装箱→冻藏

（2）加工要点

① 原料选择、刷洗。应选用白色、新鲜的藕，藕身应较圆正，节间粗，表皮呈白色或米白色，肉质洁白脆嫩，藕身横断面直径在 5cm 以上。无锈斑，无发红，无发紫。凡藕身变黑、僵硬、伤烂及严重损伤的均不得使用。挑选好的莲藕用清水刷洗干净。

② 截段、去皮。将处理过的莲藕用不锈钢刀从藕节处切成段，再用不锈钢小刨刀刨去外层表皮。去皮要干净，厚薄要均匀，表面保持光滑。要防止去皮过厚，增加原料损耗。

③ 护色。去皮后的莲藕用清水漂洗干净，及时放入 1.5％的柠檬酸溶液中保存，以防变色。护色液的配方：焦亚硫酸钠 40mg/kg，柠檬酸 1.5％，氯化钠 1％。

④ 切片。用锋利的不锈钢刀将藕段横切成 8～10mm 厚的圆形薄藕片。切片时刀片要锋利，切面要整齐，厚薄要均匀，片形要完好。切好的藕片要尽快进行烫漂，若一时不能热烫，应将藕片浸泡于 1.5％盐水溶液中暂存保色。

⑤ 分级。分级是为了便于热烫和销售。市场惯例通常按藕片横径大小分为三个级别：大级圆片横径在 7.5cm 以上；中级圆片横径为 6～7cm；小级圆片横径为 4.5～6cm。

⑥ 热烫。热烫的主要作用是杀死藕片表面的微生物、除去组织内的空气，以保持藕片的色泽和营养成分，防止在冷藏和速冻过程中产品发生褐变及质变。藕片通常采用沸水热烫方法，其主要设备有夹层锅或螺旋式连续热烫机。热烫时通入蒸汽加热，水沸后投料。为确保藕片色泽洁白，不变色，可在热烫水中加入 0.1％的柠檬酸调节水的 pH 值，以利于护色。必须按藕片大小分开热烫。热烫温度控制在 98～100℃，保持 2min 左右。煮液用过后要及时更换，以保持煮液 pH 值和水质清洁卫生。

⑦ 冷却。原料热烫后要及时冷却，否则会使藕片继续软化，品质变劣。控制好冷却介质温度和冷却速度，是保证藕片良好质地的重要措施。在冷却

过程中常采取两次降温法，第一次用自来水冷却，第二次采用 0℃ 左右的冷却水进行冷却，使藕片的中心温度快速降至 10℃ 以下。

⑧ 速冻。流态式冻结机是单体快速冻结的一种理想设备。速冻前速冻机各部分用高压水枪冲洗干净并消毒，随后开机预冷，将冻结间冷却至 −25℃ 以下，再将预处理过的藕片由提升传送带送入振动筛床，藕片被振散呈薄薄一层被送入冻结间输送网带上，随着网筛前进，经由风机增压后形成的高速低温冷风气流从筛网孔眼底下向上吹进，使单体原料彼此分离被冷风所包围，呈流体边前行边冻结。冻结温度控制在 −35℃～−30℃，冻结时间为 10～12min，使藕片的中心温度达 −18℃ 以下。冻结完毕，将藕片由冻结间出料口滑槽连续不断地排出机外，落到传送带上送入 −5℃ 低温车间进行挂冰衣工序。

⑨ 挂冰衣。挂冰衣也称镀冰衣，即在藕片表面包裹上一层透明的薄冰，这是保证冻藕片质量的重要措施。挂冰衣工序应设在冻结机出口处室温不高于 −5℃ 的车间进行。具体操作是：每次取 2～3kg 藕片置于有孔的塑料篮筐中，连同容器一起浸入 2℃ 左右的饮用冷水中，然后迅速把篮摇动一下提起并沥尽水分，藕片表面即很快被一层薄冰裹住。为防止容器内的冷水结冰，在操作过程中需每隔一定时间添加一些清水。

⑩ 包装与冻藏。挂冰衣后的藕片，应立即装袋、称重、装箱、入库冷藏。包装车间通常与挂冰衣车间连接在一起，车间必须保持 −5℃ 的低温环境。包装操作要迅速，成品应及时送入冷库。内包装材料必须选用耐低温、透气性差、不透水、无毒性、无异味的 0.06～0.08mm 厚的聚乙烯薄膜袋，每袋装 500g。外包装用双瓦楞纸箱，表面涂上防潮油，内衬一层清洁蜡纸，每箱装量 10kg。速冻藕片必须存放在速冻蔬菜专用的冷藏库里，冷藏库温湿度要求恒定，冷藏温度 −25～−20℃，波动范围在 1℃ 以内，相对湿度 95%～100%，波动范围 5% 以内。速冻藕片的冷藏保质期为 12～18 个月。

九、速冻山药

山药又名怀山药，属薯蓣科。其块茎可药用或食用，其成分主要有淀粉、胆碱、糖蛋白、维生素 C，黏液中含有甘露聚糖、植酸、16 种氨基酸等。其味甘、性平，有健脾补肺、固肾、益精功能，用于治疗脾虚腹泻、肺虚喘咳、慢性肾炎、慢性肠炎、糖尿病、遗精和白带增多等症。山药虽具有较高的药用和食用价值，但由于其收获季节性强，造成周年均衡供应困难，资源利用水平较低。鉴于山药来源丰富，无污染、无有害物质，为充分利用自然资源，增进人体健康，促进地方经济发展，对山药的速冻研究意义重大。

（1）工艺流程

原料→去皮→清洗→切片→护色→漂洗→沥水→装盘→速冻→挂冰衣→装袋→密封→装箱→检验→成品

（2）加工要点

① 原料。原则上所有的山药品种都可以选用，但要求成熟度适中（7～8 成熟）。收获时不浸水捆扎、不重叠受压，轻拿轻放。大小、长短均匀，基本无断条，无机械伤，无病虫害，无斑疤；直径在 3.5cm 以下，色泽鲜艳，气味浓郁，具有良好的组织特性及均匀性，无腐烂。

② 去皮、清洗、切片。用清水洗净山药表面的泥沙、污物，将清洗干净的山药手工去皮，并切成一定厚度的片，切片时应斜切，厚度 0.4～0.5cm。

③ 护色。把山药片迅速浸入 0.5% 的 $NaHSO_3$ 中护色，浸泡 10min 左右。

④ 漂洗、沥水。反复多次漂洗或用流动水冲洗，然后沥干水分。

⑤ 摆盘。把山药放入 18cm×13cm 的格盘内，均匀摊开。

⑥ 速冻。把摆好盘的山药片送入速冻车间，于 -30℃ 以下温度速冻 40min 直至盘中心温度达 -18℃。

⑦ 挂冰衣。将冻结至 -18℃ 的山药片从盘中取出，即翻转方盘倒入水中，空盘顺便漂洗。让山药置于 3～5℃ 冷水中浸渍 3～5s 迅速捞出，使冻结的山药表面挂一层薄的冰衣。这样既可以减少色泽的变化，又可保持品质不降低，还可防止运输过程中的挤压。

⑧ 装袋、密封、装箱。把挂上冰衣的山药片迅速装入聚乙烯塑料袋中，用普通塑料封口机封口，然后用纸箱作外包装。

⑨ 检验。待速冻山药表面结一层冰即可用速冻车运输，但必须检验无大肠杆菌和致病菌，并检验质量等。

十、速冻苦瓜

苦瓜为葫芦科一年生蔓性草本植物的果实，其性味苦寒，具有清热解毒、清心明目、滋养强壮、降低血糖等功效，有抑菌和抗病毒的作用，同时富含蛋白质、维生素、多种氨基酸及矿物质，是一种深受人们喜爱的食药两用的食品。但其季节性强，鲜食期短，不能满足市场需求。速冻苦瓜经原料预处理后，在－30℃的速冻设备中速冻，于－18℃的低温条件下贮藏，可全年供应。

（1）工艺流程

原料验收→预冷→分级→漂洗→剖切、去瓤→预煮→冷却→护色→沥水晾干→摆盘→速冻→包装→冷藏

（2）操作要点

① 原料验收。挑选肉质厚、成熟度适中、外皮呈绿色、无机械伤、无病斑、无虫害的新鲜优质苦瓜为原料。

② 预冷。将苦瓜放在预冷间，在5～10℃的温度下冷却，除去田间热和呼吸热，若原料来不及验收，可在验收前进行预冷。

③ 分级。根据色泽、大小分级，分为乳白、淡绿两级，每级大小长短一致。

④ 漂洗。用流动水漂洗苦瓜，除去杂质、泥沙。

⑤ 剖切、去瓤。用刀把苦瓜纵切对剖，切去两端，去瓤，去籽，根据需求切分，如切片、切块、切段等。

⑥ 预煮。将苦瓜放在90～95℃沸水中热烫3～4min，以钝化组织中酶的活性，杀死部分微生物，排除组织中部分气体和部分水分。预煮时防止热烫过度和不足。

⑦ 冷却。预煮后立即分段冷却，避免物料长时间受热，以免某些可溶性物质发生变化，以保证产品的品质和质量。首先在流动水槽中，用自来水进行第一次冷却，然后在水冷却器中，用5～10℃的冷水进行第二次冷却，使其温度下降到10～15℃。

⑧ 护色、清洗、沥水晾干、摆盘。将苦瓜浸泡于护色液中1h（真空条件下效果更好），使护色液中的铜离子、钙离子和锌离子渗入组织中。将苦瓜捞出，用清水冲洗干净，沥水、晾干，时间10～15min，同时平放入盘中，注意不要堆积。

⑨ 速冻。采用隧道式单体速冻机速冻，冻结温度为－30℃，冻结时间为10～15min。

⑩ 包装、冷藏。以 0.25kg 或 0.50kg 为单位进行包装，包装间的温度为 5～10℃。速冻包装好的产品立即放在 -18℃ 的冷藏库中贮藏，库温波动 ±1℃，避免重结晶和水分蒸发。注意堆放整齐，有外包装的每五层加一个底盘，无外包装的分层堆放，以防止下部的速冻苦瓜黏结。

（3）产品质量标准

① 感官指标。色泽：解冻前后均具有苦瓜品种的正常颜色，即乳白、淡绿；滋味及气味：解冻后具有苦瓜应有的滋味和气味，无异味；组织形态：大小、长短均匀，单体无黏结，苦瓜表面和袋内无冰霜；杂质：不允许存在。

② 理化指标。中心温度≤-18℃；食品添加剂：按 GB 2760 执行；农药残留量：符合我国绿色食品要求和输入国卫生许可标准。

③ 微生物指标。细菌总数≤10 万个/g；大肠菌群≤100 个/100g；致病菌不得检出。

十一、速冻胡萝卜

胡萝卜，又称红萝卜，根肉质，长圆锥形，粗肥，呈红色、黄色或橙色等。二年生草本，高 15～120cm。胡萝卜肉质根的外皮保水能力差，易失水而影响新鲜度。胡萝卜经原料预处理后，在 -30℃ 的速冻设备中速冻，于 -18℃ 的低温条件下贮藏，可长期保持原有的生物活性成分、风味、品质不变，延长上市时间，调节市场供应，并且有利于远运外销，提高经济效益。因此，其贮藏加工品很受人们的欢迎。

（1）工艺流程

原料验收→清洗→整理→去皮→切分→挑选→烫漂→冷却→沥水→速冻→包装→冷藏→解冻

（2）操作要点

① 原料验收。要求选用肉红色，表面光滑无沟痕，形状挺直，肉质柔嫩，髓部小，大小均匀一致，无病虫害，无损伤，无腐烂变质，无斑疤，根形正常，充分成熟的胡萝卜为原料。

② 清洗、整理。清除胡萝卜表面黏附的泥土、沙粒和大量的微生物，及表面残附的农药，同时要对清洗用水及时更换，保持其清洁程度。切除胡

萝卜的头部和表面的须根。

③ 去皮、切分。采用手工或机械去皮，削净表面及不能食用的部分。一般根据国际市场销售习惯或客户要求而定，可切分成不同形状或要求。切片规格厚度一般在 0.3cm 左右，直径约 3cm（圆形）；切丁规格为 0.8～1.0cm 见方的小方块，也可切成橘瓣块；切丝规格为厚 0.2cm，长 3～4cm。

④ 挑选。可用筛选法。将切成丁、片、丝的原料进行分级，相同规格大小的原料筛选在一起，根据实际需要分为不同的级别，以便对不同级别的原料分批速冻。

⑤ 烫漂。将切分的胡萝卜放入筐内，在 pH 值 6.5～7.0 的沸水中热烫 1.5～2min，以钝化组织中的酶活性，杀死部分微生物，排除组织中部分气体和部分水分。要防止热烫过度和不足，热烫时要不断搅拌，根据需要可添加 1% 的氯化钠或氯化钙，以防止产品氧化变色。

⑥ 冷却、沥水。热烫后立即分段冷却，以减少余热效应对原料品质和营养的破坏。首先在流动水槽中，用自来水进行第一次冷却，然后在冷却槽中，用 0～5℃ 的冷水进行第二次冷却，使物料温度最后达到 1～5℃。采用中速离心机或振荡机沥去表面多余的水分，离心机转速为 2000r/min，沥水时间为 10～15min。

⑦ 速冻。将散体原料装入冻结盘或直接铺放在传送带上，采用液态氮快速冷冻，冻结温度为 -35～-25℃，冻结原料厚度为 5.0～7.5cm，冻结时间为 10～30min。原料在速冻时，在冻结盘或输送带上的摆放厚度不能太厚，这样才能在短时间内达到迅速而均匀冻结的目的。

⑧ 包装。为防止冻结后的产品在冷藏中发生脱水干耗萎蔫和因与空气的接触而氧化变色，应立即对冻结原料进行包装。一般用 0.06～0.08mm 厚的聚乙烯薄膜袋，每袋包装容量 500g 较为适宜，外包装采用双瓦楞纸箱，每箱 10kg。为防止在解冻和冷藏干耗时短缺分量，每袋应酌情增重 2%～3%。包装间的温度为 0～5℃。

⑨ 冷藏。包装好的产品立即放在 -18～-21℃、相对湿度 95%～100%、库温波动 ±1℃ 的冷库中贮藏，避免重结晶和水分蒸发，一般安全贮藏期为 12～15 个月，并可随时鲜销。

⑩ 解冻。解冻的方法较多，可放在冰箱、室温、冷水、温水或热水中解冻，解冻的过程愈短愈好，在微波炉中解冻更好。解冻后的原料在烹调时

不宜过分加热，烹调时间要短。

（3）产品质量标准

① 感官指标。色泽：呈淡红或橘红色；滋味及气味：具有胡萝卜应有的滋味和气味，无异味；组织形态：大小均匀，碎粒和不规则粒不得超过3%；杂质：不允许存在。

② 理化指标。黄曲霉毒素 B(μg/kg)≤5；铅(mg/kg)≤1；砷(mg/kg)≤0.5；食品添加剂按 GB 2760 执行。

③ 微生物指标。细菌总数(CFU/g)≤300000；致病菌不得检出；霉菌总数(CFU/g)≤1500。

十二、速冻竹笋

竹笋，是竹的幼芽，也称为笋。竹为禾本科多年生木质化植物，食用部分为初生、嫩肥、短壮的芽或鞭。竹原产于中国，类型众多，适应性强，分布极广。竹笋性味甘微寒，具有清热消痰、消渴益气等功效。竹笋还含有大量纤维素，不仅能促进肠道蠕动、去积食、防便秘，而且也是肥胖者减肥的好食品。由于速冻竹笋能较好地保持新鲜竹笋的风味、营养，并含保健成分，在国际市场很受消费者欢迎。目前我国东南沿海的福建、广东等省速冻竹笋生产已实现国产化，并且出口欧盟，经济效益十分可观。

（1）工艺流程

原料选择→原料预处理→烫漂→预冷处理→沥水→速冻→在线检查→包装→检验→冷藏→冷链运输→冷柜销售

（2）操作要点

① 原料选择。选用新鲜无病虫害、符合国家卫生标准的竹笋。

② 原料预处理。将原料清洗干净，然后用剥壳机剥去笋壳，人工除去笋衣，切除笋基部纤维化部分，按规格（笋片 4cm×5cm×0.4cm，笋丝 4cm×0.4cm×0.4cm）切片或切丝，并立即用流动水冲洗以防笋肉褐变和发酵。

③ 烫漂。目的是钝化竹笋组织中酶的活性并杀菌，防止笋肉纤维化、氧化变色和微生物污染。具体操作为用 96~98℃热水烫漂 2min。由于此工序关系到产品微生物卫生标准，应严格控制工艺条件。

④ 预冷处理、沥水。冻结前物料的温度越接近冻结点，则物料冻结越快，产品的质量越好。因此，速冻前可经过冷水喷淋、冷水浸泡和冷冻水浸泡三个阶段，逐渐将料温降至10℃左右。为了控制微生物的生长繁殖，在浸泡笋丝的冷水和冷冻水中可添加含氯消毒液，并保证有效氯浓度为4～5mg/L；每4h更换1次冷却水以确保其清洁卫生。冷水和冷冻水应处于流动状态以提高冷却效果。预冷后的笋丝通过不锈钢输送带送往冷冻区的同时进行振动和吹风，去除笋丝表面的水分，防止冷冻时笋丝粘连在一起。

⑤ 速冻。采用流化床式速冻方法，温度−35～−30℃、流速4m/s的冷空气从输送带下面向上吹，将笋丝吹起似沸腾状进行速冻。笋丝速冻过程分为两区段完成，第一区段为表层冻结区，第二区段为深温冻结区。笋丝进入冻结室后，首先进行快速冷却，即表层冷却至冰点温度使表层冻结，笋丝间或笋丝与不锈钢传送带间成散离状态，互不粘连，然后进入第二区段深温冻结至中心温度为−18℃以下，整个冷冻过程约10min完成。

⑥ 在线检查。冻结的笋丝出冷冻室至包装前，在运行的输送带上由人工检查并剔除带黑点的笋丝与杂质，粘连的笋丝则拣出放回冷水浸泡工段解冻分离，重新冷冻。

⑦ 包装。包装材料经过预冷和紫外线杀菌处理后进入包装间。内包装用聚乙烯薄膜袋，外包装用纸箱，每箱净重10kg。

⑧ 检验。包括金属探测器探查和成品抽查。剥壳、切丝和速冻工序可能因设备破损或螺钉脱落而在产品中残留金属碎片，产生危害，所以须用金属探测器对包装后的每一箱产品进行金属检查方可入库。成品的抽查包括温度检查和不良率检查，抽样率为产品总量的3‰（箱）。温度检查，即用温度计插入包装箱中心测定产品品温，温度应低于−18℃，否则应重新冷冻；不良率检查是将抽到的全部样品箱中的竹笋倒出称重，即得到样品总重量，然后将3片以上（含3片）的联结团、带黑点的或长度小于3cm的笋片或笋丝拣出称重，这部分笋片或笋丝的重量占样品总重的比率称为不良率。

⑨ 冷藏。冷藏库的库内温度应保持在−18℃以下，温度波动要求控制在2℃以内。

⑩ 运输与销售。长途运输应保持品温在−18℃以下，短途运输允许温度升至−15℃，但交货后应尽快降至−18℃。销售冷柜应保持−15℃，允许

短时升温但不得高于−12℃。

（3）产品质量标准

① 感官指标。色泽：白色或淡黄色，色泽基本一致；形态：笋丝粗细均匀，长短基本一致；异物：不得检出；不良率≤12%。

② 微生物指标。细菌总数≤$5×10^5$ 个/g；大肠菌群≤1000 个/g；大肠埃希菌≤10 个/g；酵母菌≤1000 个/g；霉菌≤500 个/g；致病菌不得检出。

十三、速冻荸荠

荸荠，又名马蹄、地梨，是莎草科荸荠属的浅水性宿根草本，以球茎作蔬菜供食用。荸荠口感甜脆，营养丰富，含有蛋白质、脂肪、糖类、胡萝卜素、B族维生素、维生素C、铁、钙等营养成分。可以用来烹调，还可制淀粉。

（1）工艺流程

原料验收→清洗→去皮→整修→分级复查→浸烫→冷却→甩水→冻结→包装→冷藏

（2）工艺要点

① 原料验收、清洗。要求横径（腰部横截面直径）大于 25mm，只形完整，新鲜脆嫩；剔除伤烂、病虫害、萎缩畸形的次品。先用清水浸泡20～30min，再用擦洗机洗去泥沙，漂洗干净。

② 去皮。去皮方法有两种，一是手工去皮，即用小刀先削除荸荠两端，以削尽芽眼及根部为准，再削去周边外皮，切削面应平整光滑；二是用砂轮去皮机去皮，将荸荠在沸水中煮 3～5min（以纵切后荸荠表皮形成 2mm 的熟白圈为度），倒入去皮机中，一面加入适量热水，一面摩擦 3～5min，到外皮基本磨去，取出用小刀修整荸荠两端（芽眼及根部）。

③ 整修、分级复查、浸烫、冷却、甩水。置于清水中，进一步削除残余碎皮，修平上下两端切面。采用机械分级，按横径大小分为大中小三级，同时做好复查工作，剔除不合格产品，达到各级别大小较一致。沸水浸烫1～2min，基本烫熟。捞出后宜放在低温水中冷却，然后采用中速离心机甩去多余水分。

④ 冻结、包装。置入−30℃的速冻室中，冻至品温达−18℃即可。按

5kg 装袋，考虑冷藏干耗现象应酌情增重 2%～3%。

⑤ 冷藏。置于－18℃的冷库中进行冷藏，库温波动不超±1℃，加强冷库管理，减少干耗。

（3）质量要求

色泽：呈乳白色，色泽较一致；风味：具有荸荠固有的滋味和气味，无异味；组织形态：组织新鲜脆嫩，去皮干净，上下两端切面平整，修削良好，形态完整；规格：以腰部横截面直径为标准，小级 15～20mm，中级 20～25mm，大级 25mm 以上；杂质：不允许存在；冻结状态：良好，不得成块。

卫生要求：应符合食品卫生要求，符合食用标准。

十四、速冻番茄

番茄，是茄科番茄属一年生或多年生草本植物，浆果扁球状或近球状，肉质而多汁液，是营养丰富、色泽鲜美的果类蔬菜。据营养学家研究测定：每人每天食用 50～100g 鲜番茄，即可满足人体对几种维生素和矿物质的需要。番茄中的番茄红素有抑制细菌的作用；苹果酸、柠檬酸和糖类，有助消化功能。番茄含有丰富的营养，又有多种功效，被称为神奇的菜中之果。番茄中含有的果酸，能降低胆固醇的含量，对高脂血症很有益处。番茄富含维生素 A、维生素 C、维生素 B_1、维生素 B_2 以及胡萝卜素和钙、磷、钾、镁、铁、锌、铜和碘等多种元素，还含有蛋白质、糖类、有机酸和纤维素。番茄既可以作为蔬菜食用，也可以作为水果食用。露地大面积栽培的番茄采收期，正值夏季高温高湿季节，容易引起较大的采后损伤。高峰期过后，番茄产量又锐减，造成供应不足。而且，番茄皮薄多汁，不易贮藏。目前常采用采后涂膜贮藏、化学药剂保鲜、气调贮藏等方法来延长番茄的贮藏期，常用的涂膜贮藏和化学药剂保鲜均存在着安全性问题，探索简易有效的贮藏方法可以减少贮藏过程中番茄的品质下降。为满足市场需求，对番茄的采后速冻尤为重要。

（1）工艺流程

原料选择→挑选→清洗→沥水→预冷→速冻→检查→包装→冻藏

（2）工艺要点

① 原料选择。挑选大小均匀、成熟度八至九成的番茄，原料要求新鲜，

呈鲜红色，无腐烂，无虫蛀，无破损。

② 挑选、清洗沥水。剔除病虫、损伤、褐斑、过熟或未熟果，并除萼，注意不要摘掉果皮。用水清洗干净并沥干水分。

③ 预冷、速冻。番茄速冻时容易产生裂果，一般冻结温度越低或冻结速度越快，裂果越多。解决的办法是缩小果温与冻结温度之间的温差，所以冻结前先把番茄预冷至0℃，然后再冻结，用-30℃静止冷空气冻结，实际生产中可通过风机鼓风提高冻结速度。

④ 检查、包装、冻藏。冻结后，检查合格的用聚乙烯袋包装，每袋500g或100g，再用纸箱进行外包装，然后冻藏。

（3）质量要求　外表呈红色，具有番茄应有的滋味和风味。

十五、速冻黄瓜

黄瓜，又名胡瓜、王瓜，为葫芦科植物。黄瓜中含有丰富的维生素E，可起到延年益寿、抗衰老的作用；黄瓜中的黄瓜酶，有很强的生物活性，能有效地促进机体的新陈代谢。用黄瓜捣汁涂擦皮肤，有润肤、舒展皱纹的功效。《本草纲目》中记载，黄瓜有清热、解渴、利水、消肿之功效。黄瓜肉质脆嫩，汁多味甘，生食生津解渴，且有特殊芳香。据分析，黄瓜含水分为98%，富含蛋白质、糖类、维生素B_2、维生素C、维生素E、胡萝卜素、烟酸、钙、磷、铁等营养成分。对黄瓜进行速冻研究，有助于增加其经济效益。

（1）工艺流程

原料选择→清洗→浸钙→切分→烫漂→装袋→速冻→包装→贮藏

（2）工艺要点

① 原料选择。用于速冻的黄瓜，要求新鲜饱满，色泽深绿，无花斑，肉质紧密脆嫩，无空心，外形顺直。

② 清洗。用流动清水将黄瓜冲洗干净，除去表面泥沙及污物。

③ 浸钙。将黄瓜放在浓度为0.1%的氯化钙溶液中浸渍约20min，以增加制品的脆性，然后用清水将黄瓜漂洗干净。

④ 切分。可将黄瓜切成片、块或条状。

⑤ 烫漂。将切分的黄瓜置于沸水中热烫2~3min，然后取出黄瓜，立

即用水冷却，沥干表面水分。

⑥ 装袋。一般多为塑料袋小包装，每袋 0.5～1kg。

⑦ 速冻。将装袋后的黄瓜送入冷冻室冷冻，待中心温度达－18℃时为止。

⑧ 包装、贮藏。用瓦楞纸箱包装，每箱 20～25kg，在－18℃下保藏。

（3）质量要求　外表呈青绿色，肉质洁白，无粗纤维，具有黄瓜应有的滋味和风味。

十六、速冻果蔬串

速冻果蔬串是一种半成品式的方便食品，是将果蔬以竹签穿串，通过速冻工艺加工而成的制品，可最大限度地保持天然果蔬原有的新鲜程度、色泽、风味和营养成分，并可有效地延长食品的贮藏期。无需清洗、解冻，通过油炸或微波炉加热后即可直接食用。

原料宜选用质构较硬实脆嫩的果蔬：如果菜类（樱桃番茄、樱桃萝卜、青椒、黄瓜、西葫芦、丝瓜和冬瓜等），茎菜类（土豆、芦笋、莴笋、芋头、冬笋等），根菜类（胡萝卜、山药、藕等），食用菌（香菇、双孢菇和鸡腿菇等），水果（苹果、梨、菠萝、哈密瓜、甜瓜、草莓、荔枝、玉米笋）。

（1）工艺流程

原料检选→切片整形→热烫→冷却→滤水→穿串→上浆→上面包屑→速冻→真空包装→冷藏→销售→油炸或微波炉加热食用

（2）操作要点

① 原料检选。果蔬原料应选择品种优良、成熟度适宜、组织鲜嫩、规格整齐、无病虫害、无斑疤、无农药和微生物污染、不浸水扎捆和重叠挤压及无机械损伤者。为便于穿串，宜采用质构较硬实的果蔬类及食用菌类，原料采摘后应及时加工，尽可能避免存放，否则要保鲜冷藏，不可久放及日光照射。

② 切片、烫漂、冷却。将按要求切分好的果蔬块迅速置于 93～95℃水中热烫，然后迅速捞出，浸入 5～8℃冷水中冷却三次（准备三个冷水池），以在较短时间内使果蔬块温度降到 10℃以下。然后捞出滤水。

③ 滤水。450～500r/min，离心滤水 2～4min，晾 10～15min。离心滤

水转速不可过大，时间不可过长，否则组织内的水分被甩出，影响成品质地。

④ 穿串、上浆、上面包屑。以 2mm 粗细、长 150mm 清洁卫生的竹签穿 2～3 个果蔬块，可相互搭配。根据渗透原理，依果蔬含水量的不同调整浆料的黏稠度，黏稠度越大水分扩散速率越慢，加上冻结作用，可避免因渗透作用影响产品内水分重新分布而导致的产品品质和外观的变化。基本原则是原料含水量越大，浆料的黏稠度越大。浆料温度要求 5～8℃，有助于果蔬串降温。均匀裹涂在速冻果蔬串外表的保护层——涂敷面包屑的浆料，可减轻冰结晶对果蔬内部组织的破坏，对产品有保鲜嫩化的作用。内含异抗坏血酸的浆料层，可起到阻隔空气，抑制酶的活性和防止氧化的作用，对果蔬天然的新鲜色泽可起到保护作用，还可防止芳香物质成分的挥发，有利于保持果蔬原有的新鲜风味和品质。加上外敷的面包屑和调味品的辅助作用，油炸后，因美拉德反应可使产品呈现出诱人的色泽和风味。

浆料的参考配方：面粉 18％，淀粉 21.2％，水 60％，糖 2％～4％，盐 0.5％～1.5％，异抗坏血酸钠 0.2％～0.4％，味精、香辛料根据口味添加。黏稠度以调整面粉、淀粉和水的比例来控制。

⑤ 速冻。采用螺旋速冻机，根据果蔬块的大小和质地不同，设定不同的冻结温度、风速和时间。一般设定为：初温 10℃时，冻结温度 −45～−35℃，风速 2～4.5m/s，时间小于 30min。

⑥ 真空包装、冷藏。速冻结束后，迅速转入 0～5℃ 的包装间，以聚乙烯等包装材料进行真空包装。在 15min 内转入 −18℃ 的冷库冷藏。

⑦ 销售、食用。通过销售冷链，进入消费者家用冰箱，可贮藏 6 个月。食用前无需解冻、清洗，油炸至焦黄松脆即可食用，产品具有天然果蔬固有的风味、色泽，鲜嫩可口。

第三节　食用菌类速冻加工实例

一、速冻金针菇

金针菇学名毛柄金钱菌，因其菌柄细长，似金针菜，故称金针菇，属伞菌目白蘑科金针菇属。金针菇性寒，味甘、咸，具有补肝、益肠胃、抗癌的功效，主治肝病、胃肠道炎症、溃疡、肿瘤等病症。金针菇具有很高的药用食疗作用。据测定，金针菇的氨基酸含量非常丰富，高于一般菇类，尤其是赖氨酸的含量特别高，赖氨酸具有促进儿童智力发育的功能。金针菇干品中含蛋白质 8.87%，糖类 60.2%，粗纤维达 7.4%。金针菇既是一种美味食品，又是较好的保健食品，其国内外市场日益广阔。金针菇人工栽培技术并不复杂，只要能控制好环境条件，就容易获得稳定可靠的产量。

（1）工艺流程

原料挑选→护色→漂洗→热烫→冷却→沥干→速冻→分级→复选→镀冰衣→包装→检验→冷藏

（2）操作要点

① 原料挑选。金针菇原料要求新鲜、色白或淡黄，菌盖直径 1cm 以内，半球形，边缘内卷，开伞度三分，菌柄长 130～140mm，直径 2～4mm，无畸形，菌褶不发黑、不发红、无斑点、无鳞片。菇柄切削平整，不带泥根，无空心，无变色。春秋季是金针菇适宜生长的季节，分期接种，分期采收，一般每季可采收 2～3 批，产量主要集中在前两批，从出菇到收获完毕约 35 天。采摘后的金针菇后熟作用强，极易变色，应在避风处迅速削去菇根。注意要轻拿轻放，尽量做到快装快运并严防机械伤。应在采收后 2～4h 运往工厂立即加工，以保证金针菇的优良品质。所有工具除须保持清洁外，严禁使用铁、铜等金属容器，以免金针菇发黑变色。

② 护色、漂洗。将刚采摘的金针菇置于空气中，一段时间后在菇盖表面即出现褐色的采菇指印及机械伤痕。引起这种变色的主要原因是酶促褐变。控制酶促褐变主要从控制酶和氧两方面入手，主要方法有以下 3 种。

a. 亚硫酸盐溶液法。常用的有亚硫酸钠（Na_2SO_3）、焦亚硫酸钠（$Na_2S_2O_3$）等。亚硫酸盐为果蔬半制品保藏剂，它对多酚氧化酶有很强的抑制能力，当 SO_2 质量分数达 10mg/kg 时，酶的活性几乎被完全抑制，SO_2 的残留量不得超过 20μg/g。具体方法：将采摘的金针菇浸入 300mg/kg 的 Na_2SO_3 溶液或 500mg/kg 的 $Na_2S_2O_3$ 溶液中浸泡 2min，然后立即将菇体浸泡在 13℃ 以下的清水中运往工厂；或在 Na_2SO_3、$Na_2S_2O_3$ 溶液中浸泡 2min 后捞出沥干，再装入塑料薄膜袋，扎好袋口并放入木桶或竹篓中运往工厂，到厂后立即放入温度为 13℃ 以下的清水池中浸泡 30min，以脱去金针菇上残留的护色液。这一方法能使金针菇色泽在 24h 以内基本不变，这样加工的金针菇产品能符合质量标准。

b. 半胱氨酸溶液法。将采摘后的金针菇浸入 0.4mmol/L 的半胱氨酸溶液中，30min 后取出，经此法护色的金针菇经 4～6h 后菇色仍为白色，基本上可保持金针菇的本色，具有良好的护色效果。半胱氨酸护色处理后的成品，菇色不如焦亚硫酸钠处理的那么白，略偏暗，但真实感强，汤汁清晰，呈淡黄色，口味好，基本上保持了金针菇的风味。半胱氨酸对多酚氧化酶具有复合作用，同时可作为还原剂抑制非酶褐变，表现为降低褐变速度延迟褐变。此外，金针菇经半胱氨酸处理后，补充了采后金针菇的部分营养要求，可延缓衰老进程，降低开伞和薄皮菇的比例。而且半胱氨酸作为人体必需氨基酸的一种，对人体无害，不存在残留问题，用于食品生产安全可靠，因此半胱氨酸用于金针菇护色切实可行。

c. 薄膜气调包装。将刚采摘的金针菇立即放入 0.09～0.12mm 厚的聚乙烯袋中，每袋可放 20kg，将袋口扎紧。由于金针菇与外界空气基本隔断，因此亦可抑制酶促褐变反应。另外，由于薄膜袋较薄，尚有一定的透气性，可使袋内维持低氧和较高的 CO_2 浓度，从而可使金针菇在一段时间内仍能维持最低限度的呼吸作用，而不至于起有害作用。但时间必须严格控制在 4～6h，此时测定薄膜袋内的气体成分，其中 O_2 为 2％～3％，CO_2 为 20％。若超过这一时间，由于袋内缺氧，金针菇无法维持最低限度的呼吸作用而可能导致金黄色葡萄球菌滋生。

③ 热烫。金针菇热烫的目的主要是破坏多酚氧化酶的活力，抑制酶促褐变，同时赶走金针菇组织内的空气，使组织收缩，满足产品对固形物的要求，还可增加弹性，减少脆性，便于包装。当利用亚硫酸盐护色时，利用热烫还可起脱硫的作用。为了减轻非酶褐变，常在热烫液中添加适量柠檬酸，以增加热烫液的还原性，改进菇色。

热烫方法有热水法和蒸汽法两种，用蒸汽的方法因可溶性成分损失少而风味浓郁。热烫水温 96～98℃，水与金针菇的质量比应大于 3∶2。在正常情况下，金针菇热烫后由白色转为淡黄色，这是非酶褐变的原因，随着热烫时间的延长，颜色更深，同时失重越多。一般通过在热烫水中加入 0.1％的柠檬酸溶液调整酸度来抑制反应，热烫的时间根据菌盖大小控制在 4～6min。但热烫时间不宜太长，以免组织太老，失水大，失去弹性。为了防止菇色变暗，热烫溶液酸度应经常调整并注意定期更换热烫水。

④ 冷却、沥干。热烫后迅速将金针菇送入冷却水池中冷透，不使其过度受热影响品质。冷却水含余氯 0.4～0.7mg/kg。金针菇速冻前还要进行沥干，否则金针菇表面含水分过多，会冻结成团，不利于包装，影响外观，而且过多的水分还会增加冷冻负荷。沥干可用振动筛、甩干机或流化床预冷装置。

⑤ 速冻。冻结蔬菜的最大伤害是组织的破坏。这主要是由于冰晶体形成后体积膨胀，而蔬菜中的固体成分收缩，造成局部压力致使蔬菜的细胞壁破裂而使其组织结构被破坏；此外，细胞脱水使蛋白质和胶体结构产生不可逆变性，致使解冻时生成的水分不能与蛋白质结合恢复原状，只能任其汁液流失，这些流失液中不仅含有水，还包括溶于水的蛋白质、维生素、有机酸、色素、糖类、无机盐类等营养物质。为使冰晶体对蔬菜品质的影响减少到最低程度，可采用快速冻结，使速冻蔬菜内的冰晶体颗粒小而均匀地分布在细胞组织内，这样就可以减少冰晶的重新组合及冰晶体对细胞产生的局部压力和脱水损害。

金针菇的速冻宜采用流化床速冻装置。将冷却、沥干的金针菇均匀地放入流化床传送带上，由于金针菇在流化床中仅能形成半流化状态，因此传送带的金针菇层厚度为 800～1200mm，流化床装置内空气温度要求在 -35～-30℃，冷气流流速在 4～6m/s，速冻时间在 12～18min，至金针菇中心温度为 -18℃，冻结完毕。

⑥ 分级。速冻后的金针菇应进行分级，分级可采用滚筒式分级机或机械振动式分级机。金针菇按菌盖形态大小和菌柄长度可分为甲、乙、丙三级。甲级：菌盖未开展，直径在 13mm 以下，菌柄长 140～150mm，通体洁白，鲜度好；乙级：菌盖未开展，直径在 15mm 以下，菌柄长度小于 130mm，基部黄色至淡茶色，鲜度好；丙级：菌盖开展，直径在 25mm 以内，菌柄长度小于 110mm，菌柄下部茶色至褐色，鲜度好。

⑦ 复选。剔除不合乎速冻金针菇标准要求的，如畸形菇、斑点菇、锈溃菇、空心菇、脱柄菇、开伞菇、变色菇等。

⑧ 镀冰衣。为了保证速冻金针菇的品质，防止产品在冷藏过程中干耗及氧化变色，金针菇在分级、复选后需镀冰衣。镀冰衣有一定的技术性，既要使产品包上一层薄冰，又不能使产品解冻或结块。具体做法是：把 5kg

金针菇倒进有孔塑料筐或不锈钢丝篮中，再浸入1～3℃的清洁水中2～3s，拿出后左右振动，摇匀沥干水分，接着再操作一次。冷却水要求清洁干净，含余氯0.4～0.7mg/kg。

⑨ 包装、检验与冷藏。包装必须保证在－5℃以下的低温环境中进行，温度在－4～－1℃以上时，金针菇会发生重结晶现象，极大地降低速冻金针菇的品质。包装间在包装前1h必须开紫外灯灭菌，包括包装用器具，以及工作人员的手和工作服、帽、鞋要定时消毒。内包装可用耐低温、透气性低、不透水、无异味、无毒性、厚度为0.09～0.12mm的聚乙烯薄膜袋。外包装用纸箱，每箱净重10kg，纸箱表面必须涂油，防潮性良好，内衬清洁蜡纸，外用胶带纸封口。所有包装材料在包装前须在－10℃以下的低温间预冷。

速冻金针菇包装时应按规格检查，人工封袋时应注意排除空气，防止氧化。用热合式封口机封袋，有条件的可用真空包装机装袋。装箱后整箱复秤，合格者在纸箱上打印品名、规格、称重、生产日期、贮存条件、期限、批号及生产厂家等信息。用封口条封箱后，将检验后符合质量标准的速冻金针菇迅速放入冷藏库冷藏。冷藏温度－20～－18℃，温度波动范围应尽可能小，一般控制在±1℃以内，速冻金针菇宜放入专门存放速冻蔬菜的专用库。在此温度下冷藏期限为8～10个月。

二、速冻双孢蘑菇

双孢蘑菇，又名蘑菇、洋蘑菇，双孢蘑菇是世界性栽培和消费的菇类，有"世界菇"之称。双孢蘑菇子实体中等大，菌盖宽5～12cm，初半球形，后平展，白色，光滑，略干渐变黄色，边缘初期内卷。菌肉白色，厚，伤后略变淡红色，具蘑菇特有的气味。菌褶初粉红色，后变褐色至黑褐色，密，窄，离生，不等长；菌柄长4.5～9cm，粗1.5～3.5cm，白色，光滑，具丝光，近圆柱形，内部松软或中实；菌环单层，白色，膜质，生于菌柄中部，易脱落。目前规模较大的双孢菇工厂日产量可以达到上百吨，进一步的深加工显得尤为重要。

（1）工艺流程

原料挑选→漂洗→护色→热烫→冷却→沥干→速冻→分级→包装→冻藏

（2）操作要点

① 原料挑选。双孢蘑菇原料要求新鲜、色白或淡黄。采收后，在进行加工前，在工作台上对原料进行认真的选剔，去掉变色、有病虫为害、有机械损伤的原料。

② 漂洗、护色。蘑菇用水漂洗 2～3 次，再用 0.06％的焦亚硫酸钠溶液护色。此方法能保证蘑菇色泽。

③ 热烫。热水热烫设备通常是螺旋式连续热烫机，也可采用夹层锅或不锈钢热烫槽。热烫水温为 96～98℃，水与蘑菇的比例为 3∶2，热烫时间根据菇盖大小控制在 4～6min，以煮透为准。为减轻蘑菇烫煮后色泽发黄变暗，可在热烫水中加 0.1％的柠檬酸以调节煮液酸度，并注意定期更换新的煮液。

④ 冷却、沥干。热烫后的蘑菇要迅速冷却。为保持蘑菇原有的良好特性，热烫与冷却工序要紧密衔接，首先用 10～20℃冷水喷淋降温，再将其浸入 3～5℃的冷却水池中继续冷透，以最快的速度把蘑菇的中心温度降至 10℃以下。冷却水含余氯 0.4～0.7mg/kg。这种两段冷却法可避免菇体细胞骤然遇冷表面产生皱缩现象。蘑菇速冻前需沥干，沥干可用振动筛、甩干机、离心机或流化床预冷装置进行。

⑤ 速冻。采用流化床速冻机，使冻结间的温度保持在 −40～−35℃，以加速双孢蘑菇的冻结。风机的配置要合理，选择适当的风压、风量和合理的气流，以保证原料的流态化。投产前先将速冻机各部位用高压水枪冲洗消毒干净，随后开机将冻结间温度先预冷至 −25℃以下，再将经过预处理且沥干水分的蘑菇由提升输送带输送至振动筛床，输送带的蘑菇层厚度为 80～120mm。原料被振散后，再进入冻结间输送网带，流经蒸发器冷却冻结，冻结温度为 −35～−30℃，冷气流速为 4～6m/s，冻结时间为 12～18min，使蘑菇中心温度达 −18℃以下。冻结完毕，冻品由出料口滑槽连续不断地流出机外，落到皮带输送机上，被送入 −5℃的低温车间，进行下一道工序。通常每隔 7h 停机并用冷却水除霜 1 次。

采用液态氮制冷：其装置外形呈隧道状，中间是不锈钢丝制成的网状传送带，蘑菇置于带上，随带移动。箱体以外用泡沫塑料隔热，传送带在隧道内依次通过预冷区、冻结区、均温区，冻结完成后到出口处。液氮储存于室外，以 32.3Pa 的压力引入到冻结区进行喷淋冻结。吸热气化后的氮气温度仍很低，测定约为－5～－10℃，由搅拌风机送到进料口，即预冷区，冷却刚进入隧道的蘑菇。双孢蘑菇由预冷区进入冻结区，与喷淋的－196℃液氮接触，瞬时即被冻结，因时间短，双孢蘑菇表面与中心的瞬时温差很大，为使各部分温度分布均匀，必须由冻结区进入均温区数分钟。菌盖直径在3cm以内的蘑菇，在 10～15min 内即可降到－18℃以下，比间接冻结快5～6倍。

⑥ 分级。速冻后的蘑菇应进行分级，可采用滚筒式分级机或机械振筒式分级机。双孢蘑菇按菌盖大小可分为大大级、大级、中级、小级四级。大大级：代号"LL"，横径（菌盖）36～40mm；大级：代号"L"，横径（菌盖）25～35mm；中级：代号"M"，横径（菌盖）21～27mm；小级代号"S"，横径（菌盖）15～20mm。

⑦ 包装。包装是冻藏速冻双孢蘑菇的重要条件，可以有效地控制蘑菇在冻藏过程中冰晶升华，不会造成重量损失，而且可保证质量不会变劣。双孢蘑菇冻结后要及时进行包装，采用无毒、透明、透气性低的塑料薄膜袋包装，包装间的温度尽量接近冷藏的温度，否则蘑菇质量将会降低。

⑧ 冻藏。冻藏的任务是尽一切可能阻止蘑菇中的各种变化，以达到长期冻藏的目的。长期的实践证明，速冻双孢蘑菇的质量主要取决于温度条件，一是要采用－18℃的低温，二是要保持温度的相对稳定性，三是相对湿度要保持在90%以上。双孢蘑菇速冻后需在绝热性能较高的冷藏室内冻藏。为维持冻藏室的温度恒定需设置冷却系统。冷库要清洁卫生，无异味，在产品入库前，进行彻底清理、消毒，不应与其他食品同存一库。

三、速冻茶树菇

茶树菇，原为江西广昌境内高山密林地区茶树苑部生长的一种野生蕈菌。含有人体所需的 18 种氨基酸，特别是含有人体所不能合成的 8 种氨基酸，还含有菌蛋白、糖类、丰富的 B 族维生素和多种矿物质元素等营养成分，是集高蛋白、低脂肪、低糖分、保健食疗于一身的纯天然无公害保健食用菌。经过优化改良的茶树菇，脆嫩爽口，盖嫩柄脆，味纯清香，口感极佳，可烹制成各种美味佳肴，其营养价值超过香菇等其他食用菌，属高档食用菌类。

(1) 工艺流程

原料验收→挑选→清洗→整理→分级→热烫→冷却→沥水→速冻→镀冰衣→检验→包装→冷藏

(2) 工艺操作要点

① 原料验收。为保证产品质量，对原料要严格把关，选用符合质量要求的茶树菇，采摘前不能用水淋，更不能用水浸泡，菇农采摘后的茶树菇用专用塑料筐盛放，防止挤压，并迅速送往工厂加工。原料收购时要逐筐检查定级，原料过磅后迅速送入车间，从采摘到送入车间不宜超过3h。

② 挑选、清洗、整理、分级。对原料进行检选，剪去木质化较多的部分，去除不合格原料，把茶树菇分成大、中、小三个等级。置于清洗池中，用流动水清洗，并不断搅动，清洗完毕后捞出置于纱袋中。

③ 热烫、冷却。采用一次热水热烫法，将装有茶树菇的袋子置于热烫锅中热烫，热烫水温90～95℃，含0.1％的柠檬酸，时间2min，整个过程不断翻动，使其受热均匀。然后迅速用冷却水冷却到室温，有条件时最好加冰冷却。

④ 沥水。将冷透后的茶树菇均匀平放入经烫煮消毒后的有孔冻盘中进行沥水，时间2～3min。

⑤ 速冻。采用振动流态化速冻机，于－30℃以下速冻8～12min，即为半成品。

⑥ 镀冰衣。将半成品在（10±0.5）g/L的抗坏血酸和1％的NaCl混合溶液中镀上一层薄薄的冰衣，防止褐变。

⑦ 检验、包装。将产品摊在清洁的不锈钢工作台上进行检验，去除不合格的产品。包装前要对内包装进行灭菌处理，然后再装入产品，最后包装成箱。

⑧ 冷藏。为防止解冻，从茶树菇出冻结机、包装到入库，时间不得超过15min。库温要求稳定，保持在（－18±1）℃，并不得与具有特殊气味的产品同库贮藏。

(3) 产品质量标准

① 感观指标。色泽：呈浅褐色；滋味及气味：具有茶树菇应有的风味，无异味；组织形态：菌盖形态完整，允许少量有裂口，菌盖大小、菌柄长短大致均匀。

② 理化指标。水分含量≤91％，添加剂符合食品添加剂使用卫生标准。

③ 微生物指标。细菌总数≤1000 个/g，大肠菌群≤3 个/g，芽孢杆菌≤3 个/g。

四、速冻平菇

平菇，又名侧耳，属担子菌门伞菌目侧耳科，是一种相当常见的灰色食用菇。中医认为平菇性温、味甘，具有追风散寒、舒筋活络的功效，可用于治疗腰腿疼痛、手足麻木、筋络不通等病症。平菇中的蛋白多糖对癌细胞有很强的抑制作用，能增强机体免疫功能。平菇含有的多种维生素及矿物质可以改善人体新陈代谢，增强体质，调节植物神经功能等，故可作为体弱病人的营养品，对肝炎、慢性胃炎、胃和十二指肠溃疡、软骨病、高血压等都有疗效，对降低血胆固醇和防治尿道结石也有一定效果，对妇女更年期综合征可起调理作用。

（1）工艺流程

原料选择→挑选、整理→清洗→热烫→冷却→沥水→装袋封口→冷冻保藏

（2）操作要点

① 原料选择。选无杂质、无泥土、无霉变、无老化的新鲜平菇作为加工原料。要求菇体完整，菌盖边缘裂痕少。

② 挑选、整理。鲜菇采收后，营养成分会自然流失，要尽可能做到随采收随加工，不宜久放。首先将整个菇体用剪刀分成单个实体，然后剪去菇体所带培养料及发黄、老化部分，除去泥土、柴草、碎叶等，按菇体大小、老嫩程度分装于竹筛内。

③ 清洗。将经初加工的菇体放置于水池或水缸内漂洗，然后用自来水冲洗干净，直至不含泥土，不带杂质为止。在漂洗过程中，要轻翻轻放，避免菇体破碎。

④ 热烫、冷却、沥水。在大锅内加入清水烧开，然后加入洗净的鲜菇。鲜菇加入量为开水量的 20％～30％，顺一个方向搅动，至菇体发软时翻动。锅开后捞出，置入盛冷水的大缸中冷却，冷却用水要经常更换。冷却后捞入筛内沥水。

⑤ 装袋封口。杀青后的鲜菇经冷却沥水后，菇体小的直接装袋，大的可用刀切成几块，然后分别称取 1000g 或 5000g，装入 200mm×300mm×0.2mm 或 140mm×270mm×0.2mm 的无毒聚乙烯食品袋中，并用塑料袋封口机封口。装袋时，注意袋口的内外壁不要沾上水珠。如沾上水珠，可用清洁纱布擦净，然后封口，否则封口不严。

⑥ 冷冻保藏。将菇袋装入塑料食品箱或木箱（纸箱亦可）中，置入冷库，温度为−18℃左右即可。速冻保鲜的平菇可随时取出出售或进行深加工。

（3）产品质量标准

① 感观指标。色泽：呈浅褐色；滋味及气味：具有平菇应有的风味，无异味；组织形态：菌盖形态完整，允许少量有裂口，菌盖大小、菌柄长短大致均匀。

② 理化指标。水分含量≤91％，添加剂符合食品添加剂使用卫生标准。

③ 微生物指标。细菌总数≤1000 个/g，大肠菌群≤3 个/g，芽孢杆菌≤3 个/g。

五、速冻香菇

香菇，又名花菇，为侧耳科植物香蕈的子实体。香菇是世界第二大食用菌，也是我国特产之一。它是一种生长在木材上的真菌。味道鲜美，香气沁人，营养丰富。香菇富含 B 族维生素、维生素 D 原（经日晒后转成维生素 D）、铁、钾等营养成分，味甘，性平。香菇素有山珍之王之称，是高蛋白、低脂肪的营养保健食品。现代医学和营养学不断深入研究，香菇的药用价值也不断被发掘。香菇中麦角固醇含量很高，对防治佝偻病有效；香菇多糖（β-1,3-葡聚糖）能增强细胞免疫能力，从而可抑制癌细胞的生长；香菇含有六大酶类的 40 多种酶，可以纠正人体酶缺乏症；香菇中的脂肪所含脂肪酸，对人体降低血脂有益。

（1）工艺流程

原料采收→挑选、整理、清洗、切分→热烫→冷却→沥水→速冻→检验→包装→冷藏

（2）操作要点

① 原料采收。香菇采收后，营养成分会自然流失，要尽可能做到随采

收随加工，不宜久放。

②挑选、整理、清洗、切分。在进行加工前，对原料进行认真选剔，去掉有变色、虫害、损伤等的原料，用水漂洗2～3次，然后进行十字切割。

③热烫。对香菇的研究表明，前处理中最合适的热烫时间当为2min，此时能够把过氧化物酶（POD）的活性钝化到允许的范围内。

④冷却、沥水。热烫后迅速用冷却水冷却到室温，有条件时最好加冰冷却。然后将冷透后的香菇均匀平放入经烫煮消毒后的有孔冻盘进行沥水，时间2～3min。

⑤速冻、检验。利用高压CO_2技术对香菇进行速冻，速冻的最佳工艺参数为：处理初温6℃，处理设定压力7MPa，卸压时间4min，此时产品的感官性能达到最佳。利用高压CO_2技术对香菇进行速冻，具有操作简便，工艺周期短等优点，具有良好的工业前景。速冻后在清洁的不锈钢工作台上进行检验，去除不合格的产品。

⑥装袋封口。装袋时，注意袋口的内外壁不要沾上水珠。如沾上水珠，可用清洁纱布擦净，然后封口，否则封口不严。

⑦冷冻保藏。将菇袋装入塑料食品箱或木箱（纸箱亦可）中，置入冷库，温度为-18℃左右即可。速冻保鲜的香菇可随时取出出售或进行深加工。

六、速冻草菇

草菇又名兰花菇、苞脚菇，隶属于伞菌目鹅膏菌科或草菇科苞脚菇属。我国草菇产量居世界之首，主要分布于华南地区。草菇营养丰富，味道鲜美。每100g鲜菇含维生素C 207.7mg，糖分2.6g，粗蛋白2.68g，脂肪2.24g，灰分0.91g。草菇蛋白质含18种氨基酸，其中必需氨基酸占40.47%～44.47%。此外，还含有磷、钾、钙等多种矿物质元素。中医认为草菇性寒、味甘、微咸、无毒。草菇具有消食祛热、补脾益气、清暑热、滋阴壮阳、增加乳汁、防治坏血病、促进创伤愈合、护肝健胃、增强人体免疫力等功效，是优良的食药兼用型的营养保健食品。

（1）工艺流程

原料选择→修整→分级→清洗→热烫→冷却→精选→速冻→挂冰衣→装袋、称重→金属检测→封口→装箱→冻藏

（2）工艺操作要点

① 原料选择。草菇生产于气候炎热、气温高的夏季，采摘后易伸腰、开伞，严重降低产品质量。因此适时采摘，及时加工，是提高产品质量的重要一环。采摘时间宜在清晨或傍晚。草菇原料要新鲜幼嫩，成熟适度，菇体完整，形态良好，色泽正常，呈灰褐色或黑褐色有光泽，基部白色，菇体近蛋形，脚苞未破裂，无伸腰，无开伞，呈菇蕾状，横径 1.5～4.0cm。凡染有病虫害，严重损伤、破头、软烂、死菇或带有异味的，均不得使用。

② 修整、分级。将选好的草菇原料，先用小刀削除基部所带的草屑、泥土等杂质，同时按菇体横径大小分为 3 级。一级菇横径 2.6～4.0cm；二级菇横径 2.0～2.6cm；三级菇横径 1.5～2.0cm。

③ 清洗。将分级后的草菇按级别分别移入振动喷洗机中，借高压水流，通过喷水龙头，在振动的金属筛网上冲洗，洗净表面附着的尘土等杂质。然后经传送带进入振动筛床，沥尽水分后进入热烫机中热烫。也可以将草菇移入简易流动清水槽（池）中，以反复清洗，直至洗净菇体。

④ 热烫。原料热烫是速冻草菇保鲜的重要工序。热烫可钝化草菇中酶的活性，延长草菇冷藏时间，防止在冷藏过程中产生异味；同时可减少草菇表面的微生物，排除细胞组织内少量的空气和水分，以便于包装。热烫可采用连续螺旋热烫机。原料通过传送带进入热烫机筛筒热水中，利用螺旋推进的方法，使原料在热水中不断往前进，直到出料口。水温控制在 100℃，煮沸时间 8～10min。

⑤ 冷却、精选。从热烫机出来的原料，紧接着用 10～20℃ 或 3～5℃ 的冷水喷淋降温，以最快速度把菇体中心温度降低 10℃ 以下。进入冷却槽冷却后的草菇，再经提升传送带，进入振动筛床，沥去所带水分。然后在输送带上检查并剔除脱盖菇、破裂菇及其他不合规格菇。合格菇经过振动床振散后进入冻结机输送网带上进行冻结。

⑥ 速冻。通常采用流态式冻结机，其隔热保温箱体内装有筛网状输送机和冷风机，原料放置在水平筛网上进行速冻操作。在高速低温气流的作用下，原料层产生"悬浮"现象，并呈流体状不断蠕动前进与冻结。强冷气流从筛孔底部向上吹，将物体托浮起来，使每个原料单体彼此分离，被冷风均匀包裹，从而完成快速冻结。冷源通过制冷机房的供液管进入冻结机箱内的蒸发器，液氨通过与原料散发的热量进行热交换，使保温箱（冻结间）维持

在−35～−40℃之间。

操作前，先用高压水枪对设备各部位进行冲洗消毒，确保清洁卫生。设备启动后，将冻结间预冷至−25℃以下，再将经过处理的原料通过提升输送带送入振动筛床进行分散，分散后送入冻结间的输送网带。针对草菇而言，整个冻结过程控制在−30～−35℃，使草菇中心温度达到−18℃以下，约需18min。完成冻结的草菇通过出料口滑槽连续排出，落到皮带输送机上，并被送入低温包装车间进行挂冰衣或装袋。

⑦ 挂冰衣。挂冰衣是保持草菇质量的重要措施之一。挂冰衣就是在菇体表面裹上一层薄冰，使菇体与外界空气隔绝，防止菇体干缩、变色，保持冻品外观质量，延长贮藏期限。挂冰衣工序是在冻结机出口处的不高于5℃的低温车间内进行的。将经过冻结的草菇，立即倒入有孔塑料篮内，每篮约盛装2kg，然后随同容器一起浸入2～3℃的卫生饮用冷水中，迅速摇动一下立即提起倒出草菇，使之很快形成一层透明薄冰衣裹住菇体表面。挂冰衣厚度以薄为好，通常控制在增重8％以内为宜，过厚影响外观。为防止挂冰衣的冷水结冰，在操作过程中，每隔一定时间，添加一些清水，以稳定冷水温度在一定范围。

⑧ 装袋、称重、金属检测、封口、装箱。挂冰衣后的草菇，立即装袋、称重，并通过金属检测器检查，确无金属杂质后，方可封口、装箱、入库冻藏。包装车间必须保持−5℃的低温环境。包装工人、用具、制服等要保持清洁卫生，定期消毒，非工作人员不得任意进入包装车间，谨防传带污染物。内包装材料应选用无毒性、耐低温、透气性差、无异味、厚0.06～0.08mm的聚乙烯薄膜袋。外包装用双瓦楞纸箱，表面涂防潮油层，以保持良好的防潮性能；内衬一层清洁蜡纸。每箱净重10kg（20袋，每袋500g，上下两层，排列整齐），箱外用胶纸封口，印刷标记，送入冷库冻藏。

⑨ 冻藏。速冻草菇必须用专用冷库冻藏。冷藏温度在−20～−25℃内为好，温度波动范围控制在±1℃。相对湿度稳定在95％～100％。如果冷藏温度经常变动过大，会使草菇细胞中原来快速冻结所形成的微小冰晶体，在温度升高时融化并发生重结晶，进而慢慢形成大的晶体，使速冻品失去原有的优点，影响品质。因此，速冻草菇的冷库管理中，不仅要注意存放时间的长短，更要注意冻藏温度高低的变化，以确保速冻草菇的品质在一年内不变劣。

第四节　花卉（中药材）速冻加工实例

近年，国际上兴起了一种食用鲜花的热潮。我国花卉资源十分丰富，可食花有多种，花种类和产量十分可观，具备大规模工业化生产的原料基础。花为植物生理代谢最旺盛的器官，除含有较多的营养成分外，还含有多种生物活性物质，如酶、激素、芳香物质、黄酮、类胡萝卜素等。鲜花是一种时间性和季节性很强且对生长条件有一定要求的器官。鲜花离开母体，失去了养分的供给，很快就会枯萎，失去鲜活的色泽，为使鲜花继续展示其诱人的色泽和鲜美的味道，必须对其进行速冻处理。鲜花在农产品中具有娇嫩，不耐贮藏、运输的特点。对采摘后的鲜花采用物理或化学方法维持其鲜活程度，延长离体花卉寿命，这对提高鲜花的经济效益具有重要意义。

鲜花速冻是一个潜在的市场，通过速冻处理的鲜花，可以长时间地保持新鲜。随着花卉市场的不断发展，鲜花速冻技术必然成为一个长期存在而又必需的部分，同时也将推动中国鲜花市场的发展。生产鲜花食品，可以利用鲜花所含有的化学物质生产天然食品。食用鲜花能使人们紧张情绪得以松弛。鲜花在中医中早有应用，如桃花具有利水、活血、通便功用；蔷薇花具有清暑、和胃、止血等功效。国外利用鲜花生产化妆品，如玫瑰花露水。据报道，鲜花还含有多种增强人体体质的高效生物活性物质，对人体健康有极大益处。因此，开发鲜花疗效食品、功能食品具有广阔前景。

花大多开于春天，与其他食物资源相比，其生长期短。鲜花遭受的农药、化肥、废水、废气污染要轻得多，属"绿色食品"，因此利用鲜花加工纯天然无公害食品具有很大的优势。而鲜花的不耐贮存也是加工利用面临的重大问题。我国鲜花的开发利用刚刚起步，许多鲜花资源尚未开发利用，大量资源一直被白白浪费。为此，对玉兰花、洋槐花、梨花、芍药花等进行速冻加工技术研究很有必要。

一、速冻槐花

槐花又名刺槐花，是豆科刺槐属乔木刺槐的花。槐花具有抗炎、消水肿、抗溃疡、降血压、防止动脉硬化、抗菌等作用。其性清凉，具有清热解毒、舒张血管、改善血液循环、防止血管硬化、降低血压等作用，营养成分包含糖类、维生素、槐花二醇、芳香苷等。属于药食两用花卉。

（1）工艺流程

原料选择→整理→清洗→烫漂→冷却→沥水→包装→速冻→冻藏

（2）操作要点

① 原料选择。良好的原料是保证速冻槐花品质的基础。因此，应挑选优质色白的槐花为原料。

② 整理、清洗。应及时摘除过老花，剔除木质化的梢叶和损伤部分及杂物，而后用清水冲洗表面的污物。清洗时注意不要揉搓，以免造成组织损伤。

③ 烫漂。烫漂处理是保证速冻槐花质量的关键。槐花在冻结前进行烫漂处理可以抑制过氧化物酶的活性，有利于防止和减少营养物质的氧化损失，可改善速冻槐花的感官品质。经烫漂处理的速冻槐花色泽光亮，香气浓郁，质地鲜嫩；不经烫漂处理的则色泽暗绿，香气淡且有异味。烫漂方法：一般采用热水烫漂 0.5～2min 或用蒸汽烫漂 1～2min。

④ 冷却、沥水。将烫漂的槐花及时捞出，在流动的冷水中迅速冷却；冷却后的槐花可用离心式脱水机甩干或自然控干，以及时脱除附着在表面的水分。

⑤ 包装。沥水后的槐花经整理称重后，装入聚乙烯薄膜袋内，准备冻结。包装的速冻槐花中维生素C、叶绿素和蛋白质的含量均明显高于不包装的，纤维素含量却明显降低。

⑥ 速冻。将包装好的槐花放置于 -40～-30℃ 的低温条件下进行迅速冻结。速冻后的槐花应无冰粒和冰块，并要及时进行真空密封，以利于贮存。

⑦ 冻藏。经速冻的槐花进行外包装后，在 -18℃ 的低温库内贮藏。贮藏期间应注意保持库温的稳定，以免由于温度波动使速冻槐花产生结晶或冰晶升华，造成失水抽干、老化变质而降低质量。

二、速冻玉兰花

玉兰花又名木兰，为木兰科玉兰亚属植物的花。玉兰花白色、大型、芳香，先叶开放，花期 10 天左右。玉兰花是名贵的观赏植物，其花朵大，花形俏丽，开放时溢发幽香。其花瓣可供食用，肉质较厚，具特有清香，清代《花镜》谓："其（花）瓣择洗清洁，拖面麻油煎食极佳，或蜜浸亦可。"玉兰花含有挥发油，其中主要为柠檬醛、丁香油酸等，还含有木兰花碱、生物碱、望春花素、癸酸、芦丁、油酸、维生素 A 等成分，具有一定的药用价值。玉兰花含有丰富的维生素、氨基酸和多种微量元素，有祛风散寒、通气理肺之效。可加工制作小吃，也可泡茶饮用。

（1）工艺流程

玉兰花采收→整理→清洗→烫漂→冷却→沥水→包装→速冻→冻藏

（2）操作要点

① 玉兰花采收。玉兰花应选用当天采摘的成熟花朵，经过摊、堆、筛、晾等维护和助开过程，使花朵开放匀齐。

② 整理、清洗。应及时摘除过老花，剔除木质化的梢叶和损伤部分及杂物，而后用清水冲洗表面的污物。清洗时注意不要造成组织损伤。

③ 烫漂。烫漂通常用热水烫漂和蒸汽烫漂两种方法。在冻结前对玉兰花进行烫漂处理，可以抑制过氧化物酶活性，有利于防止和减少营养物质的氧化损失，可改善速冻玉兰花的感官品质。经烫漂处理的速冻玉兰花色泽光亮，香气浓郁；不经烫漂处理的则色泽偏暗，香气淡且有异味。烫漂时间控制在 1～3min。

④ 冷却、沥水。将烫漂的玉兰花及时捞出，在流动的冷水中迅速冷却；冷却后的玉兰花可用离心式脱水机甩干或自然控干，以及时脱除附着在表面的水分。

⑤ 包装。沥水后的玉兰花经整理称重后，装入聚乙烯薄膜袋内，准备冻结。

⑥ 速冻。将包装好的玉兰花放置于 -40～-30℃ 的低温条件下进行迅速冻结。速冻后的玉兰花应无冰粒和冰块，并要及时进行真空密封，以利于贮存。

⑦ 冻藏。经速冻的玉兰花进行外包装后，在 -18℃ 的低温库内贮藏。贮藏期间应注意保持库温的稳定，以免由于温度波动使速冻玉兰花产生结晶或冰晶升华，造成失水抽干、老化变质而降低质量。

三、速冻梨花

梨花，为蔷薇科梨属植物梨树的花，一般花瓣为纯白色，花药紫红色。

梨花为伞房花序，两性花，花瓣近圆形或宽椭圆形。栽培种花柱3～5，子房下位，3～5室，每室有2胚珠。花先叶开放。民间普遍采花而食，经焯、漂、洗，除去苦涩味，以清香味入馔。梨花可炒食、凉拌和做汤。梨花香气袭人，但苦涩味较重。所以，速冻之前须先进行预处理，使其在后续食用中口感较好。

（1）工艺流程

梨花采收→整理→清洗→烫漂→冷却→沥水→包装→速冻→冻藏

（2）操作要点

① 梨花采收。梨花应选用当天采摘的花色白皙的成熟花朵。

② 整理、清洗。摘除过老花，剔除木质化的梢叶和损伤部分及杂物，而后用清水冲洗表面的污物。清洗时注意不要造成组织损伤。

③ 烫漂。烫漂通常用热水烫漂和蒸汽烫漂两种方法。在冻结前对梨花进行烫漂处理，可以抑制过氧化物酶活性，有利于防止和减少营养物质的氧化损失，可改善速冻梨花的感官品质。烫漂时间控制在0.5～2min。

④ 冷却、沥水。将烫漂的梨花及时捞出，在流动的冷水中迅速冷却；冷却后的梨花可用离心式脱水机甩干或自然控干，以及时脱除附着在表面的水分。

⑤ 包装。沥水后的梨花经整理称重后，装入聚乙烯薄膜袋内，准备冻结。

⑥ 速冻。将包装好的梨花放置于－40～－30℃的低温条件下进行迅速冻结。速冻后的梨花应无冰粒和冰块，并要及时进行真空密封，以利于贮存。

⑦ 冻藏。经速冻的梨花进行外包装后，在－18℃的低温库内贮藏。贮藏期间应注意保持库温的稳定，以免由于温度波动使速冻梨花产生结晶或冰晶升华，造成失水抽干、老化变质而降低质量。

四、速冻芍药花

芍药花，为毛茛科芍药属植物芍药的花。芍药花瓣呈倒卵形，花盘为浅杯状，花期5～6月，花一般着生于茎的顶端或近顶端叶腋处。原种花白色，花瓣5～13枚。园艺品种花色丰富，有白、粉、红、紫、黄、绿、黑和复色等，花径 10～30cm，花瓣可达上百枚。为中国传统中药，分为赤芍和白芍。赤芍具有清热凉血、散瘀止痛的功能；白芍具有养血调经、敛阴止汗、柔肝止痛、平抑肝阳的功效。

（1）工艺流程

芍药花的采收→整理→清洗→护色→沥水→包装→速冻→封口→装箱→冻藏

（2）操作要点

① 芍药花的采收。采收将开未开的花蕾或花序，要求鲜嫩、无腐烂、生长饱满。

② 整理、清洗。去掉花托和花梗。清洗时注意不要造成组织损伤。

③ 护色。洗净后的原料沥水后放入 0.07％异抗坏血酸钠和 0.14％柠檬酸护色液中浸泡 30min，注意要全部浸没。

④ 沥水。将护色后的芍药花及时捞出，可用离心式脱水机甩干或自然控干，以及时脱除附着在花表面的水分。

⑤ 包装。沥水后的芍药花经整理称重后，装入聚乙烯薄膜袋内，准备冻结。

⑥ 速冻。将包装好的芍药花放置于－40～－30℃的低温条件下进行迅速冻结。速冻后的芍药花应无冰粒和冰块，并要及时进行真空密封，以利于贮存。

⑦ 冻藏。经速冻的芍药花进行外包装后，在－18℃的低温库内贮藏。贮藏期间应注意保持库温的稳定，以免由于温度波动使速冻芍药花产生结晶或冰晶升华，造成失水抽干、老化变质而降低质量。

五、速冻牡丹花

牡丹花为芍药科芍药属植物牡丹的花。牡丹花除供观赏外，还具有很高的药用价值，《本草纲目》中记载牡丹花是清热解毒的传统药材，其味苦，性平，具有血中伏火、除烦热的功效。现代分析表明，牡丹花中紫云英苷、芍药花苷、没食子酸等成分，对降血压、镇咳及抗肿瘤具有较高活性。我国自古有食用牡丹鲜花的习惯，清《养小录》记载："牡丹花瓣，汤焯可，蜜浸可，肉汁烩亦可。"牡丹花营养丰富，花瓣中含有丰富的维生素、蛋白质和矿物质，所含氨基酸种类齐全，必需氨基酸和呈味氨基酸含量较高。

（1）工艺流程

牡丹花的采收→整理→清洗→护色→漂洗→冷却→沥水→包装→速冻→封口→装箱→冻藏

（2）操作要点

① 牡丹花的采收。采收将开未开的花蕾或花序，要求鲜嫩、无腐烂、生长饱满。

② 整理、清洗。去掉花托和花梗。清洗时注意不要造成组织损伤。

③ 护色。洗净后的原料沥水后放入含0.1%异抗坏血酸钠的溶液中浸泡30min，注意要全部浸没。

④ 沥水。将护色后的牡丹花及时捞出，可用离心式脱水机甩干或自然控干，以及时脱除附着在花表面的水分。

⑤ 包装。沥水后的牡丹花经整理称重后，装入聚乙烯薄膜袋内，准备冻结。

⑥ 速冻。将包装好的牡丹花放置于$-40\sim-30℃$的低温条件下进行迅速冻结。速冻后的牡丹花应无冰粒和冰块，并要及时进行真空密封，以利于贮存。

⑦ 冻藏。经速冻的牡丹花进行外包装后，在$-18℃$的低温库内贮藏。贮藏期间应注意保持库温的稳定，以免由于温度波动使速冻牡丹花产生结晶或冰晶升华，造成失水抽干、老化变质而降低质量。

第四章 速冻果蔬花卉的贮藏、运输及货架保存

04 Chapter

第一节 速冻果蔬花卉的冷冻贮藏

一、贮藏期对产品品质的影响

保鲜是消费者对产品贮藏的第一要求，维生素 C 和花青素可作为冻藏果蔬花卉的质量指标。在适宜的冷冻贮藏条件下，果蔬花卉的营养品质和新鲜度会随着贮藏期的延长而持续降低。这主要是由于在贮藏期间，即使在温度很低、含氧量很低的情况下，果蔬花卉的植物组织也仍会有呼吸作用、蒸腾作用以及其他各种物理化学和生物化学变化等，均会导致产品品质下降。低温可以抑制微生物的活动和产品内部生物酶活性，从而可以长时期地保持产品品质。贮藏期间温度的波动会导致产品中大冰晶增长与小冰晶逐渐消失，从而可加大细胞的机械损伤、细胞内物质的散失，导致产品劣化。因此，从生产到消费的整个冷链中需要持续控制贮藏环境的温度，避免其受到外界环境的影响。

1. 贮藏期产品的变化

在贮藏期间产品品质会随着贮藏时间的延长而下降，产品品质会发生一系列变化，包括物理变化和化学变化。

（1）物理变化

水冻结成冰后体积增加 9 %，对细胞造成机械损伤并会对产品的质地产生影响，导致其品质劣化。尽管冰晶的转移在低温条件下十分缓慢，但仍然会在冻藏条件下持续发生。

速冻果蔬花卉冻结后贮藏期间发生的物理变化主要是由于贮藏环境温度波动引起的水分迁移和重结晶。

① 水分的迁移。贮藏期间，产品周围和内部存在的冻结水不稳定，容易受到温度波动的影响而使水分在渗透压作用下从细胞内部区域向细胞间冻结区域迁移，从而导致细胞脱水，该过程极为缓慢，但长时间持续地进行最终会造成细胞壁破裂，细胞内物质流失，进而导致营养物质大量流失，产品的营养品质劣化。

产品内不同部位温度差异可导致产品内部水蒸气压分布不均，致使形成不稳定体系而导致水分迁移，以使体系在冻藏期间趋于稳定。在冷藏期间，由于温控传感器或者是环境因素影响导致冷藏室存在温度波动，这种波动会导致产品内部的水分向产品表面及其他部位发生转移。产品外部包装材料比产品本身温度变化速率快，在温度升高时产品蒸发或升华失去的水分在冷却时容易在降温快的包装上凝结，造成产品水分的大量损失。为了减少果蔬花卉在冻藏期间的水分迁移，应该充分做好产品与包装材料、冷藏室与外界的隔热，以减少冷藏室的温度波动。

果蔬花卉在冷藏期间处于持续低温的环境下，如果没有用防潮性材料进行包装时往往会产生冻伤危害，从而影响其品质。造成果蔬花卉冻伤的原因是在冷冻条件下，由于产品表面和内部的冻结水会升华导致水分散失，水分散失到一定程度时会在其表面产生不透明表层，冻伤部位与氧气接触表面增大，氧化反应加剧将导致产品发生褐变等颜色变化，进一步会导致产品结构发生变化，使质地变软，甚至产生难闻的气味。由于产品表面冰的持续升华，导致产品表面区域冰的蒸气压高于冷藏室其他区域，于是升华的水分就会向冷藏室其他区域发生转移，当遇到温度较低的物体时再凝华。冷藏室中温度最低的区域是蒸发器，因此蒸发器上容易凝结上冰。冷冻产品未受保护的区域水分会不断地以升华的形式散失，引起冻害。为了减少冻害的发生，应减少这种水分的升华。可以在冷藏前将产品用一层冰或者用密封性好、透水透气性差的材料将产品保护起来，以减少冰的升华而造成的水分散失。

② 冰的重结晶。在对产品进行冷冻时，冷冻速率对冰晶的大小、数目有很大的影响。当冷冻速率低时晶核化速率低，当产品完全冷冻时，会形成

大的冰晶体；当冷冻速率高时，晶核化速率加快，在产品冷冻完全时会形成数目多的体积小的冰晶体。这些冰晶体是热力学不稳定体系，且冰晶体越小，稳定性越差，在冷藏过程中这些冰晶体的大小、数目、位置、形状会发生变化，这个过程就是重结晶。在发生重结晶时，冰晶体会发生合并，小的冰晶体会消失，大的冰晶体会继续变大，在整个过程中，冰晶体的平均尺寸会随着时间增大。小冰晶体对产品的结构质地影响较小，可以保持产品的品质，而大的冰晶体则会破坏产品的质地，对产品品质造成不利的影响。

重结晶过程有以下几个类型：同质型、迁移型、增生型、压力诱导型和侵入型。

a. 同质型重结晶。这一过程主要表现为，冰晶体在趋于稳定的过程中发生的形状改变或是其内部结构发生的改变。因为初始形成的冰晶体维持其初始状态所需的能量较高，因此在热力学上处于不稳定的状态，为了降低维持原有冰晶体所需的能量，比表面积大的形状不规则的冰晶体会逐渐转变成比表面积小的紧凑的构象，光滑平坦的表面所需能量较低，因此冰晶体最终会转变成这样一种构象。

b. 迁移型重结晶。在温度、压力恒定条件下冷冻体系中有很多小晶体时，由于大晶体曲率大于小晶体，对晶体表面的小分子有更大的束缚力，因此小晶体稳定性低于大晶体，熔点低于大晶体，大晶体会合并曲率半径小的不稳定的小晶体而增大其体积，导致该体系中大晶体增大，小晶体消失，晶体的数目减少而平均尺寸增加，进而使晶体的表面能降低，此过程即为迁移型重结晶。大晶体合并小晶体的机制可能是融化→扩散（升华）→再次冷冻（凝结）。由于冷库中存在温度波动，温度在上下波动的过程中，贮藏环境冰的含量也会随之改变，当温度上升时，小冰晶溶解或升华；当温度下降时，小冰晶失去的水分被大冰晶吸收，如此反复小冰晶的体积越来越小直至消失，冰晶数目减少，而与此同时，大冰晶的体积逐渐增大。

c. 增生型重结晶。产品冷冻后在产品的表面和产品内部会形成大量的冰晶，相互有接触的冰晶体表面曲率高，有变成平面的趋势，随着时间的流逝，它们会慢慢合并在一起，使表面能降低，该过程为增生型重结晶过程。

d. 压力诱导型重结晶。这是在果蔬花卉冷藏期间不常见的重结晶过程，当晶体受到外界压力作用时，如果晶体的基面和所受的压力作用方向一致时，该晶体会向其他方向膨胀。

e. 侵入型重结晶。在对产品进行冷冻固化时，如果冷冻速率很快，在固化的过程中有一部分水还来不及形成晶体，无法转化成冰，但是当冷冻体系的温度回升到某一临界温度时，这一部分水会突然发生晶体化，这就是侵入型重结晶过程。如果在初始固化时，所有的水分都无法形成晶体，当回温结晶时则会发生玻璃化现象。

冷藏期间产品内部形成的冰晶体在重结晶过程中平均尺寸增加会改变产品的质地，这对果蔬花卉货架期稳定性造成巨大影响，会造成果蔬花卉在解冻时质地变软或者内部形成多孔结构。

（2）化学变化

果蔬花卉在冷冻固化的过程中，产品内部及表面的水转变成冰晶体，在水分慢慢冻结的过程中，产品表面及内部的溶液发生浓缩。当冻结速率缓慢时固化的冰晶纯度大，没有被冻结的区域溶质浓度大，冻结体系达到平衡状态。相反，当冻结速率很高时，大量溶质会随着水结晶进入冰晶体，冰晶体纯度低，没有冻结区域溶质的浓度较低。

没有冻结区域的高浓度溶液离子强度也高，会对植物组织中的蛋白质等生物高分子结构造成影响，这些高分子物质间的相互作用会因此增加。

产品内部和近表面形成的冰晶体会破坏细胞结构甚至对植物表皮组织造成机械损伤，使产品细胞和组织中的内容物外泄，导致一些在细胞内、组织内通常不发生的化学反应发生的概率增加，产品中的酶类与不同底物接触的可能性增加。由于低温环境可以保持较高的酶的活性，当产品解冻或者温度升高时，酶促反应发生，产品品质劣化。

在冷藏期间，产品内部发生的化学反应主要受到贮藏温度和未冻结区域溶液浓度的影响。通常情况下较低的贮藏温度对化学反应有抑制作用，未冻结区域溶液中溶质浓度越大，反应速率越高。产品在冷冻和冻藏期间发生的化学变化主要有以下几种：酶促反应、蛋白质变性、脂质氧化、色素和维生素降解和风味劣化。

① 酶促反应。新鲜果蔬花卉中含有大量的酶类，低温会对酶的活性产生抑制作用，当温度升高时其活性很快恢复。在冷冻前没有经过热处理的产品中含有的氧化酶在冷藏期间依然具有一定的活力，可促使氧化反应发生引起产品品质劣化。贮藏室内的低温以及温度波动形成的冰晶对细胞造成的机械损伤会使氧化酶与反应底物充分接触，从而加重脂质氧化，产品酸败，产

生异味，反应后游离脂肪酸大量积累会与蛋白质相互作用形成复合物，对产品的质地造成影响。因此通常在冷冻处理之前对产品进行杀青处理，使这些酶失去活力。

贮藏环境中的氧气会使多酚氧化酶表现出活性。细胞由冰晶体引起机械损伤后邻苯二酚氧化酶与其底物接触，从而引发酶促褐变。氧化还原酶类的催化作用是引起褐变的主要因素，还会导致蔬菜产生异味和色素褪色。草莓在冷冻贮藏过程中，组织中的甲基酯酶会催化果胶脱除甲基产生凝胶化作用。植物中的叶绿素酶和花色素酶如果没有被杀青钝化，会催化破坏冻结组织中的色素，从而影响植物的颜色。

② 蛋白质变性。果蔬花卉在冷冻贮藏期间的一系列物理变化和化学变化都会引起植物组织中蛋白质的变性，从而丧失其营养价值和生物功能。产品在冷冻过程中，蛋白质可与非冻结区域浓度较高的溶液接触，与其中的溶质发生结合，构型发生改变。蛋白质变性后，其持水性、黏度、凝胶性、乳化性、发泡性和搅打性发生改变，因此可以通过这些性质的测定判断蛋白质功能是否丧失。

③ 脂质氧化。产品中发生脂质氧化会消耗产品的营养成分，产生难闻的气味，降低产品品质，严重缩短产品的货架期。具体过程比较复杂，在该反应的初始阶段，产品中的脂肪酸失去一个氢原子，生成一个脂肪酸烷基自由基，然后进一步氧化成脂肪酸过氧化自由基。然后，该过氧化自由基会取代相邻脂肪酸的氢原子，形成一个过氧化氢分子和一个新的脂肪酸烷基自由基。过氧化氢发生分解导致自由基反应进一步进行。脂肪酸过氧化氢分解可形成具有酸败风味的醛和酮，使产品品质劣化。

植物组织中的脂质氧化除了受到脂质氧化酶催化作用外还受到其他催化剂的影响，例如铁。因为果蔬花卉在冷冻前一般会经过杀青处理，使酶丧失活性，因此金属氧化剂是冷冻期间造成脂质氧化的重要因素。

2. 果蔬花卉冷藏期间品质特性变化

（1）质地变化　低温可以抑制细菌对果蔬花卉的作用以及产品自身的蒸腾、呼吸作用造成的营养损失、腐烂等变化，但经过速冻→冻藏→解冻后的果蔬花卉，产品内部由于冰晶体的产生和溶解，其质地会发生相应的改变，产品硬度会受到影响。草莓和芒果冻结速率越快，其硬度在解冻后变化越小，冷藏环境的温度越低，草莓的硬度和含水量保存得越好。产品的硬度不仅与冷冻速率快慢和贮藏环境温度有关，还受到解冻方式以及解冻速率的影响。这是因为在对果蔬花卉进行冷冻固化时，产品的内部及表面会形成大量冰晶，会对细胞壁和细胞器产生一定的机械损伤，冷藏环境的温度越低，这些小冰晶越不容易发生水分迁移和重结晶形成大冰晶造成更大的机械损伤，在解冻时如果采用适宜的方法，慢慢使其解冻有利于这些细小的冰晶体化为水后能通过机械损伤较小的生物膜系统重新回到细胞内，保持产品具有较大的持水量，保持其膨压从而保存其硬度。但是冷冻保存的果蔬花卉的硬度在经过速冻→冻藏→解冻这三个环节后还是无法保持其初始状态。番茄冻融后，细胞壁沿着中胶层劈开，胡萝卜总果胶含量增加，均是果肉硬度下降的内因。

（2）色泽变化　速冻果蔬花卉在冷藏过程中可能会发生颜色变化，影响其外观品质。当冷库发生制冷剂泄漏时，产品会发生变色反应，例如氨泄漏时，胡萝卜会从橘红色变成蓝色；洋葱、卷心菜、莲子中的白色部分会变成黄色。除此之外，还会有其他化学反应在低温环境中持续而又缓慢地发生，最终可导致产品发生褪色或者褐变。这些反应主要是由多酚氧化酶和过氧化物酶引起的。例如在 $-8℃$ 环境中冻藏的樱桃，会由于花青素、单宁及其类似物的酶促氧化而造成果肉褪色褐变。

草莓在温度较高的冻藏环境中（$-11.4 \sim -4.7℃$），果肉红色会随贮藏时间的增加急速地褪去；在很低的冻藏环境中（$-80 \sim -20℃$）贮藏 6 个月后花青素含量下降 $66.1\% \sim 80.4\%$。说明冷藏条件下影响草莓色泽变化的重要因素一方面是冷藏温度，另一方面是冷藏时间。桃片果肉在冷藏期间褐变率与贮藏环境中氧气含量成正比。果肉的褐变与多酚氧化酶活性和单宁总量及其可氧化单宁量有关。冻藏芒果片中的类胡萝卜素含量变化率在不同的包装材料中差异极显著，也充分说明氧气含量对单宁及其类似物发生酶促氧化褐变有影响。

植物细胞的细胞膜外侧有一层细胞壁包裹，其主要成分是纤维素，细胞壁不具有弹性，对植物细胞有着支持和保护的作用。当植物细胞冻结时，由于液体的膨胀，细胞壁会受到损伤，含水量大的细胞，其细胞壁可能会胀破，造成细胞内物质暴露在周围环境中，并在氧化酶的催化下产生褐变。因此果蔬花卉在进行冷冻之前要经过热处理使氧化酶受到破坏而失去活性，以减少褐变的发生。热处理时间过长或者温度过高，叶绿素会受到破坏，则会对产品的营养成分和颜色造成不良的影响，且在热处理时植物中的有机酸会加速叶绿素的热分解。但如果热处理时间太短或者温度太低，过氧化物酶没有完全失去活性，在冷藏时产品仍有发生褐变的可能。因此要掌握好热处理时间和热处理温度，也可在一段时间内间歇性地对产品进行多次处理，既不破坏产品的品质，又能达到灭酶的目的。

（3）风味变化　对果蔬花卉进行速冻处理就是为了保持其新鲜度、营养价值、色泽、硬度、香味和食用品质。人们食用果蔬花卉除了自身的营养需求外更多的是喜爱果蔬花卉带给人们的味觉享受。速冻果蔬花卉风味的变化与冷冻速度、冷藏环境的温度有关。经过缓慢冷冻的草莓，贮藏一周就会出现异味，这是由于果肉内挥发性酯类物质在冷冻和冷藏期间不平衡造成的；在−20℃下贮藏的草莓，在分解酶的作用下组织中的酯分解并扩散导致风味变化；在−80℃和−40℃下冷藏的草莓，酯的含量不易发生变化。冷冻贮藏的杨梅会由于芳香油与羰基化合物的平衡受到破坏而产生异味。

（4）维生素C的变化　维生素C又名抗坏血酸，是果蔬花卉中重要的营养成分。其含量在果蔬花卉冷冻贮藏期间会有所损失。维生素C含量的多少是衡量果蔬花卉的新鲜度和营养品质的重要指标，通常通过还原型抗坏血酸保存率或还原型抗坏血酸含量与脱氢型抗坏血酸含量和氧化型抗坏血酸含量的比值之和来表示。草莓在冷藏过程中维生素C的损失是由冻前延时和自动氧化导致的。如果冷藏环境的温度高于−18℃，在贮藏过程中，还原型抗坏血酸的含量随着贮藏时间的延长而下降，脱氢型抗坏血酸和氧化型抗坏血酸的含量逐日上升。速冻草莓在解冻时维生素C含量变化与解冻温度和解冻时间有关，在1.7℃解冻72h，草莓中维生素C含量的损失要大于在4.4～10℃下解冻24h和在室温下解冻5h的草莓中维生素C的损失。

将在−20℃下慢速冷冻的芒果片用透气性不同的三种材料进行包装，然后置于−12℃环境中冷藏一年后，测得维生素C保存率相差0.65～3.8倍，说明贮藏环境中的氧气含量与维生素C的降解有关。果蔬花卉在冷藏期间，其维生素C含量的损失与自动氧化、贮藏环境的温度、贮藏环境中氧气含量有关，还可能会受到产品中维生素C含量、产品酸度、贮藏过程中添加的糖液、抗坏血酸氧化酶、多酚氧化酶、细胞色素氧化酶、过氧化物酶、光、金属铁及铜等因素影响。对速冻冷藏的草莓进行添加糖液或糖粉处理能降低草莓中维生素C含量的损失。

3. 速冻果蔬花卉在贮藏期间的组织变化

果蔬花卉在冷冻固化之前要对其进行烫漂处理或者加糖处理，以减少冷冻损伤。植物细胞结构中有细胞壁和液泡，液泡中含有大量的液体，在冷冻过程中会产生冰晶破坏细胞结构，并且这个过程伴随着体积增大，可对弹性很差的细胞壁造成破坏，当产品解冻后，其质地发生变化。植物细胞冻结后会由于机械损伤和酶促反应发生褐变，进行烫漂处理可以使氧化酶失活减少组织褐变。

植物组织表面有表皮层包裹，表皮层是由蜡质细胞构成的紧密的细胞层，对植物组织起着保护作用，可避免细胞受到外界的物理作用或是生物作用。植物体的代谢活动大都在薄壁组织发生，薄壁组织由多面体细胞构成，多面体细胞具有半刚性，其富含纤维素的细胞壁被包裹在果胶中间层中，形成含有气泡网络的特殊结构。发育成熟的植物细胞中含有一定量的淀粉颗粒和各种细胞器，如叶绿体、染色体、大液泡、蛋白质体、淀粉体。液泡发育成熟后占据着植物细胞内的大部分空间，液泡中含有大量水分，其中溶解着各种物质，如有机酸、酚类和水解酶等，当细胞壁和生物膜结构受到冷冻引起的机械损伤时，这些成分会从液泡内释放出来。当外界溶液浓度低于液泡浓度时，细胞吸水膨胀，细胞壁受到压力作用表现出坚实性和脆性，从而维持细胞的渗透压，避免细胞因过度吸水而胀破，如果用果胶酶和纤维素酶对细胞壁进行水解，细胞壁分解，则细胞渗透压消散。

在对果蔬花卉进行冷冻处理时，植物组织中形成冰晶体，这些冰晶体会引起食品质地发生改变，会引起细胞发生膨压损失等不良变化。冷冻保藏前的杀青处理只适用于一些烹调食用的蔬菜。一般情况下，速冻水果在冷冻前并不需要进行杀青灭酶，为减少植物组织受到的冷冻伤害可在冷冻前将其包装在糖或糖浆中。大多数蔬菜在进行冷冻固化时应采用快速冷冻，因为这样可以减少冷冻对蔬菜品质的影响。冷冻保存形成的冰晶体会使水果组织中的细胞壁和中间层受到破坏。因此，水果解冻后质地变得柔软，口感发生变化。利用速冻技术贮藏水果时，适当降低贮藏环境的温度，在解冻时进行缓慢解冻，可以使细胞膜的半渗透性得到最大程度的保持，从而可减少果蔬细胞在冷藏过程中受到的破坏。如果在冷冻前期对植物组织用氯化钙或蔗糖进行预处理，有时可以保持产品的质地。

4. 冷藏期间果蔬的营养成分变化

冷冻保存可以使产品的营养成分和新鲜度长时期较为良好地保存，且相对于其他食品加工方法而言，这种方法对产品的破坏性最小。低温贮藏环境可以有效抑制腐败微生物的活动，且在冷冻保存环境中各种化学反应（如酶促反应）受到抑制。虽然冷冻可以延长果蔬花卉的保质期，但果蔬花卉在冷冻过程中一些不稳定的维生素降解可造成营养流失。如某些水溶性的 B 族维生素（维生素 B_1、硫胺素、维生素 B_2、核黄素）和维生素 C，通常用作食品加工效果的指标。这些维生素的降解大多是由于氧化反应造成的，因此对产品进行杀青有利于果蔬花卉营养品质的保存。

5. 果蔬花卉冷冻贮藏期间微生物学变化

经过冷冻固化的速冻果蔬花卉被贮藏在温度很低的环境中，低温能很好地抑制微生物的生长繁殖，因此产品可以长期保存，而不会像在常温下那样发生腐败、霉变或者是发酵。但低温只对微生物的活动产生抑制作用，并没有灭菌功效，因此，当冷藏环境发生温度波动时某些微生物的作用会对产品品质造成不良影响。因此在对产品进行速冻处理时各个环节都要注意卫生，避免产品沾染上大量的微生物，因为酵母菌要在低于 $-12℃$ 时才会停止生长，而霉菌在 $-18℃$ 以下才会停止繁殖。

二、速冻果蔬花卉的包装材料

果蔬花卉在采收后，由于失去水分来源（根），各种生命活动受到抑制，但呼吸作用依然持续，它会对产品品质造成不良影响。此外，产品要经过生产、加工、贮藏运输、销售等各个环节才能被消费。在这个漫长的过程中对产品进行适宜的包装，可减少其在运输、贮藏和销售各个环节中的机械损伤和水分散失，保持其新鲜度、形状、营养品质，对其经济价值有很重要的意义。此外，包装材料的形状和色彩可以使产品更加美观，对消费者产生吸引力。

包装是贮藏速冻果蔬花卉的必要手段，可有效地控制速冻果蔬花卉在贮藏过程中因冰晶体升华而发生干耗（即水分由固体冰的状态蒸发而导致干燥）。因为产品失水的同时也伴随着色泽发生变化，所以在产品表面保持一层冰晶层，采用不透水汽的包装，是增加相对湿度、防止失水的有效方法。

对于冷冻保存的植物产品，所需的包装材料要耐低温，长期处于$-30\sim$ $-25℃$下而不发脆，而且包装材料必须具有化学惰性、无毒性，没有特殊气味。包装材料要具有稳定性，具有一定的弹性，耐撕性好，不透水分和挥发性成分。为了减少有氧气时组织内部发生的酶促褐变、脂质氧化、维生素C氧化造成的产品风味和香气的改变，包装材料应不透气，以便充入惰性气体或者采用真空包装隔绝氧气。对有的产品进行包装时要求包装材料具有不透光性，防止紫外线对其造成影响。包装箱应具有一定的隔热性和刚性，避免产品在冷链环节中出现大的温度波动和搬运时产生的机械损伤。目前常用的包装材料有塑料膜、涂层塑料膜、涂金属塑料膜、多层塑料膜、带盖塑料保鲜箱、泡沫箱、纸、塑料、木材、纤维和一些天然材料等。

1. 速冻果蔬花卉对包装的基本要求

速冻果蔬花卉的包装应坚固、清洁、无异味、无破裂、密封性好、透气率低，还应详细注明果蔬花卉产品的食用方法和保藏条件。包装既要符合相关食品卫生技术标准与要求，又要便于贮藏、运输、销售和开启食用。

由于速冻产品要经长时间低温冻藏，食用前还需解冻，所以，对包装材料的要求较高，主要体现在以下几方面。

（1）耐温性 速冻食品要在$-30℃$以下低温冻结和冻藏，所以包装材料要能耐低温，即在低温下保持其柔软性，不硬脆，不破裂。适用于速冻包装的材料应能在$-40\sim-50℃$的环境中保持柔软，具有优良的低温脆性。但随着人们生活方式的改变和微波炉等电器的使用，包装材料也应具有耐热性，以便能够边解冻边蒸煮，能在100℃高温下解冻时不破裂，也不发生物料迁移等变化。

（2）气密性 速冻产品除了普遍需要的密封隔气要求外，有时还需要真空或充气处理。所以要求包装材料透气性低，以利于保鲜，防止干耗与氧化。热封强度在食品包装流通中十分重要，低温下OPP（单向拉伸聚丙烯）/CPP（流延聚丙烯）的热封强度会下降，而且热封强度比较低；以PE为热封层的复合材料低温下的热封强度较好。

（3）抗老化性 包装材料要求经长时间冷藏后不老化，不破裂。其次是在低温时，包装材料的物理耐冲击性要强。通常在低温时，包装材料易变脆，易受物理冲击而破损，从而无法保证包装质量。

冷冻包装中，必须选用低温下有足够冲击强度的材料来包装。常见包装材料冲击强度和撕裂强度如表 4-1 所示。尼龙复合膜的冲击强度无论是低温还是常温下都很好，尤其是流延尼龙（CN）和 PE 的复合材料，冲击强度超过定向尼龙（ON）和 PE 的复合膜。低温下的撕裂强度以尼龙和 PE 复合的最好，而且流延尼龙与 PE 复合膜比定向尼龙与 PE 复合膜的撕裂强度还要高好多倍。还应当指出的是 PE 单膜的冲击强度随温度的下降而提高（在 20～−20℃范围内）。速冻果蔬花卉也常用聚乙烯塑料薄膜袋、玻璃纸、内衬以胶膜的纸板盒、硬质塑料盒、铝箔袋等作包装材料，它们具有无毒、隔气性好、低温下耐冲击等特性，有利于防止干耗和氧化作用。

表 4-1　低温下常见包装材料的冲击强度和撕裂强度

包装材料 /μm	冲击强度/(N/cm)			撕裂强度(纵/横)/(N/cm)		
	20℃	0℃	−20℃	20℃	0℃	−20℃
CN/PE(40/40)	＞300	197	169	120/248	116/259	104/206
ON/PE(15/40)	252	200	153	46/50	57/60	54/54
PE(80)	71	95	101	423/538	454/637	149/575
PET/PE(12/50)	69	80	77	46/53	107/97	166/86
PT/PE(300/50)	47	39	29	69/90	55/92	42/59
OPP/CPP(20/30)	90	80	83	33/208	39/50	43/36

注:CN—流延尼龙;PE—聚乙烯;ON—单向拉伸聚合物;PET—聚对苯二甲酸乙二醇酯聚合物;PT—聚噻吩聚合物;OPP—单向拉伸聚丙烯;CPP—流延聚丙烯。

　　LDPE（低密度聚乙烯聚合物）隔水性良好，是生产中最常使用的塑料包装产品，用于塑料包装袋或纸板的内衬。HDPE（高密度聚乙烯聚合物）和 PP（聚丙烯聚合物）耐热性好，用其包装的果蔬花卉加工产品可以直接进行微波或者水浴加热。微波加热的盘子多用 PP 制成，此外 PP 还可用于制作涂层纸盘。涂层中的 LDPE 或 HDPE，与 PET 或 PVDC/PVC（聚偏二氯乙烯/聚氯乙烯）共聚物同时使用，隔氧性能更好。在 PE 层之间夹入 EVOH（乙烯-乙烯醇共聚物）或对水分敏感的聚酰胺层可提供良好的隔氧效果。

　　速冻果蔬花卉的包装形式，按用途可分为内包装、中包装、外包装。常用的内包装材料主要有 PE（聚乙烯聚合物）、PVC（聚氯乙烯聚合物）、EVA（乙烯-醋酸乙烯共聚物）、NY（聚酰胺聚合物）、PP 等各种复合薄膜材料。中包装主要用涂蜡纸盒、马口铁罐、纸板盒、塑料托盘等。外包装则常用涂塑或涂蜡的防潮纸盒以及用发泡聚苯乙烯作为保温层的瓦楞纸箱或木箱等。

　　为了直观展示包装产品的质量和形态，美国冷冻食品最常采用的冷冻包装材料是镀铝复合包装材料，包装形式为三边封袋，这样可以提高产品性价比。包装材料有 PET/M（镀铝膜）/PE、PET/PK（聚酮）/M、OPP/PE/M、PET/PE，等等。

2. 速冻果蔬花卉的包装方法

　　为加快冻结速度和提高冻结效率，多数果蔬花卉速冻食品采用先冻结后包装的方式。但有些产品如叶菜类为避免破碎也可先包装后冻结。经过切分的果蔬花卉食品一般也多采用先包装后冷冻的方式。采用先包装后冷冻方式时，应注意包装材料的隔热作用。大型桶装食品冷冻时，原料最好先预冷至0℃后再装桶冷冻。包装容器的质量和形式设计，要便于装料、密封和开启。

　　果蔬花卉速冻产品包装前要经过筛选。冻结蔬菜的包装形式各异，对于冻结后包装的蔬菜，在没有低温包装条件的情况下，应先进行大包装。一般每塑料袋装 15～20kg，然后装入纸箱内，加底盘堆垛贮藏。直接销售的每袋装 0.25～1kg。具有低温包装条件的，可以直接进行小包装或真空包装。包装规格可根据供应对象和消费需求而定，个人消费及方便食品要用小包装（袋、盒、杯、托盘等），一般每袋装 0.5kg 或 1kg；半成品或厨房用料，可装 5～10kg。包装后如不能及时外销，需放入 -18℃ 的冷库贮藏，其贮藏期因品种而异。在分装时，应保证在低温下进行，一般冻品在 -4～-2℃ 时，即会发生重结晶，所以应在 -5℃ 以下的环境中包装。工序要安排紧凑，同时要求在最短时间内完成，并重新入库。

　　（1）真空/抽气充氮包装　果蔬花卉速冻产品包装袋内部的空隙越大，果蔬花卉的干耗就越高，氧化就越严重。为此可采用抽真空包装或抽气充氮包装，使包装材料紧贴产品，但应注意的是若采用冻结前包装，则包装应留适量空隙，以防果蔬花卉冻结后产品体积膨胀而胀破包装袋。

　　一般地，完全密封的包装比不能密封的效果好，真空包装比普通包装效果好，但针对果蔬花卉产品，有很多品种的贮藏时间不是很长，有的为了追求利润，只有几个月就要面市，甚至只是长途运输而已，所以对其进行真空包装也不一定是最佳选择。从追求利润最大化原则出发，通常采用的包装形式为拉伸包装。

（2）拉伸包装　拉伸包装是用拉伸薄膜在室温和受拉状态下对物品进行裹包的一种包装方法。其靠拉伸薄膜的回弹力而将物品紧紧裹住，它与收缩包装产生的效果类似，其特点为：①拉伸包装可以在生产环境温度下进行操作，内装物品不受热影响，尤为适合冷冻食品的包装；②由于拉伸薄膜透明性好，可以清晰地看到内装物，便于识别产品，有利于产品销售；③拉伸包装操作较简单，可节省设备投资，包装费用也较低；④由于薄膜柔韧，薄膜的拉伸力可由人工或机械较为准确地控制，可按物品外形成型，故特别适合于外形不规整的果蔬花卉产品的包装。

但是，拉伸包装也有其不足，如防潮性差，薄膜有自黏性，包装件间易黏结等。尽管如此，由于它操作简便、节省能源，仍得到了广泛应用。

（3）热成型—充填—封口包装　热成型—充填—封口包装适合于先包装后速冻的产品。产品经热成型—充填—封口包装后，进入速冻隧道或冷库，成为速冻产品。热成型—充填—封口工艺是在加热条件下对热塑性片状包装材料进行深冲，形成包装容器，然后进行充填和封口。在热成型包装机上能分别完成包装容器的热成型、包装物料的定量充填、封口、裁切、修边等工序。

热成型包装所用材料应满足一些基本条件：对商品的保护性、热成型性、透明性、真空包装的适应性和封合性等。常用成型材料为任何可热成型及热封合的单片或复合材料。

（4）预成型—充填—封口包装　作为包装容器的托盘是预先单独分开制得的，而后进行充填、封口包装后，进入速冻隧道或冷库，得到速冻产品。其包装作业可在枕式包装机上进行。

基本工作流程：果蔬产品装入托盒内→置入物料输送机→推入成型器→制袋→封口→切断→进入速冻隧道或冷库速冻。

第二节　速冻果蔬花卉的运输

冷藏运输是果蔬花卉在采摘加工、贮藏供应、销售各个环节的中间环节，因此这个环节是冷链各个环节是否对产品发挥作用的关键。产品在运输过程中外界环境的持续变化会对冷藏环境造成一定的影响，为了维持内部环境温度的稳定性，冷链运输对所用的硬件设备有很高的要求，以保证良好的储运效果。

一、冷链运输环节的贮藏

速冻果蔬花卉经采摘后要经历一个较长时间的运输环节，为避免产品在运输过程中发生变质，应当对运输过程中的环境进行调控，维持其冷冻贮藏时的贮藏条件，避免其在运输过程中受到外界环境的影响。冷藏运输又称为冷链物流或低温物流（low temperature logistics），与一般的运输相比，其特殊性体现在产品在整个运输过程中都处于严格控制的低温环境中，可以保证产品的品质。

冷藏车是用来运输冷冻保鲜产品的封闭箱式运输工具，冷藏车上装有制冷系统且车厢具有较强的隔热性能，能保证产品在运输过程中的冷冻贮藏条件。但冷藏车的温度控制较大型冷库要难一些，因为产品的装卸会增加外界环境对贮藏环境的影响，此外车厢的除霜以及隔热层与产品的接触都会对产品的温度产生影响，从而使产品品质发生劣化。

因此在进入运输环节之前要对产品进行一定的包装，以减少其受环境温度波动的影响。在进行装卸时，要尽量减少装卸时间。车厢的隔热性能对速冻产品运输非常重要，是目前冷藏车生产研发的关键问题。

在将产品从冷库运送至冷藏车时，货物会在外界环境中暴露一定时间，此时外界环境会对产品造成一定的影响。可以在冷库外建一个封闭的房间适当调节房间温度，以减少外界环境对产品的影响。当该房间温度与外界环境一样时，如果运送速度较快，货物在转运过程中受到的影响会有所缓解；当房间温度介于冷藏库和外界环境温度之间时，外界环境对产品的影响会大大减少，但相应的前期准备工作较为缓慢且造成生产成本有所提高；当房间温度与冷藏库温度相同时，产品在转移过程中几乎不会受到外界环境的影响，但此方法会造成成本大大提高。

速冻产品容许限度（tolerance）与容许冷藏时间（time）和冷藏环境温度（temperature）之间存在一定的关系，这种关系即为 T. T. T 原理（Time-Temperature-Tolerance）。由此可知，速冻产品在低温运输过程中发生的品质下降与温度和时间有一定的关系，在整个运输过程中，由于贮藏环境温度波动造成产品品质的下降，是一个持续的缓慢的具有累积性的不可逆变化造成的。运输过程中产品贮藏环境温度越低，其品质劣变速率越慢，相应的其保质期就会延长。

水果蔬菜在进行适当的处理后，在运输过程中要根据其特性保证适宜的运输环境，避免其在运输过程中品质发生劣化。各种水果和蔬菜的特性及贮藏过程中环境设置可参考表 4-2。

表 4-2 保鲜水果、蔬菜的特性和推荐环境参数设定值

品种	推荐设置温度/℃	推荐设置相对湿度/%	推荐设置换气量/(m³/h)	保存期/天	冷冻点/℃	乙烯产生率	乙烯敏感度
苹果	−1～4	90	40	40～240	−1.5	非常高	高
杏	−0.5	90		7～14	−1.1	高	高
芦笋	2	90	20	14～21	−0.6	非常低	中等
鳄梨	4～13	85～90	40	14～56	−0.3	高	高
茄子	14	95		10～14	−0.8	低	低
香蕉	13.5	85～90	30	7～28	−0.8	中等	高
豆芽	0	90～95		49～63	−0.4		
青豆	7	95		10～14	−0.7	低	中等
黑萝卜	0			60～120	−0.7	低	无
黑刺莓	−0.5	95		2～3	−0.8	低	低
面包树果实	13			14～40		中等	中等
花椰菜	0	95		10～14	−0.6	非常低	高
牛蒡	1～2	90	15	60～90	0	低	低
卷心菜	0	95～100	20	90～180	−0.9	非常低	高
甜瓜	4	90	30	10～14	−1.2	高	中等
阳桃	8	90	40	21～28		低	低
卡萨巴甜瓜	10	90	30	21～28	−1.1	低	低
木薯	0～5	65	0	20～24		非常低	低
芹菜	0	90	20	14～28	−0.5	非常低	中等
樱桃	−1	90	0	14～21	−0.8	非常低	低
菊苣	0	90		14～28		非常低	高
胡辣椒	8	90		14～21	−0.7	低	低
白菜	0	95～98	20	60～90		非常低	中等
椰子	0	80～85	0	30～60	−0.9	低	低
密生西葫芦	7	70～75		14～21	−0.5	低	中等
大国越橘	2	90～95		60～120	−0.9	低	低

续表

品种	推荐设置温度/℃	推荐设置相对湿度/%	推荐设置换气量/(m³/h)	保存期/天	冷冻点/℃	乙烯产生率	乙烯敏感度
黄瓜	10	90		10～14	—0.5	低	高
椰枣	0	＜75		165～365	—15.7	非常低	低
榴莲	4	90	15	42～56			
苣荬菜	0	95		14～21	—0.1	非常低	中等
无花果	0	85～90		7～10	—2.4	中等	低
大蒜	0	70	15	140～210	—0.8	非常低	低
姜	13	75	15	90～180	—	非常低	低
葡萄柚	13	90	15	28～42	—1.1	非常低	中等
葡萄	0	85～90	15	56～180	—2.2	非常低	低
扁豆	4	85～90		7～10			
蜜瓜	10	90	15	21～28	—1.0	中等	高
猕猴桃	0	90	20	28～84	—0.9	低	高
球茎甘蓝	0	90	30	25～30	—0.1	非常低	低
柠檬	12	90	15	30～180	—1.4	非常低	中等
莴苣	0	90	20	8～12	—0.2	低	中等
酸橙	12	85～90		21～35	—1.6	非常低	中等
龙眼	1.5			21～35	—0.5		
枇杷	0	90	15	14～21	—0.9		
荔枝	1	90	15	21～45	—0.5	中等	中等
柑橘	7	90	15	14～28	—1.1	非常低	中等
芒果	13	85～90	40	14～25	—0.9	中等	高
香菇	0	80～90		12～17	—0.9	非常低	中等
油桃	—0.5	90	40	14～28	—0.9	中等	中等
橄榄	7	85～90	0	28～42	—1.4	低	中等
干洋葱	0	65～70	15	30～180	—0.8	非常低	低
橙子	7～10	85～90	15	30～180	—0.8	非常低	中等
木瓜	12	85～90		7～21	—0.9	高	高
红辣椒	8			14～20	—0.7	低	低
西番莲果实	12			14～21		非常高	高
桃子	—0.5	90	40	14～28	—0.9	高	高
梨子	—1	90～95	40	60～90	—1.6	高	高
胡椒	8～10	90	15	12～24	—0.7	低	低

续表

品种	推荐设置温度/℃	推荐设置相对湿度/%	推荐设置换气量/(m³/h)	保存期/天	冷冻点/℃	乙烯产生率	乙烯敏感度
辣味胡椒	10		15	14～20	—0.7	低	低
波斯甜瓜	10		30	14～21	—0.8	中等	高
柿子	10	90		14～21	—0.8	低	高
菠萝	5～13	85～90	15	14～36	—0.8	中等	低
大蕉果实	14			10～35	—0.8	低	高
李子	—0.5	90～95		14～28	—0.8	中等	高
石榴	5	90		28～56	—3.0	低	低
土豆	4～10	90	15	56～175	—0.8	非常低	中等
龙须菜	12	70～75		84～160	—0.8	低	低
萝卜	0	95		21～28	—0.7	非常低	低
红毛丹	12	90	30	7～21		高	高
婆罗门参	0	98～100		60～120	—1.1	非常低	低
菠菜	0	95		10～14	—0.3	低	中等
番荔枝	7			28			低
甜玉米	0	95～100		4～6	—0.6	非常低	低
橘子	7	85～90	15	14～28	—1.1	非常低	中等
番茄	4～10	85～90	15	7～28	—0.5	非常低	高
菱角	4			100～128			
西瓜	10	90	30	14～21	—0.4	低	低
山药	13	85～90	15	50～115	—1.1	非常低	低
南瓜	7	95		14～21	—0.5	无	

二、冷链运输模式

冷冻产品运输装置都要带有一个密闭的保温冷藏空间，产品在进出口运输过程中使用的运输工具必须服从 ATP（易腐食物国际运输及特种运输设备协议认证）和 ISO（国际标准化组织）规则，即运输工具的总传热系数（K 系数）必须要低于 $0.4\,W/(m^2 \cdot K)$（ISO，1996）（联合国欧洲经济委员会，内陆运输委员会，1970）。

冷藏运输装置上还必须有制冷设备和隔热措施。每个国家对制冷保温设备的标准都具有高度的一致性。

　　果蔬花卉冷藏运输过程中要根据运输路程的长短以及相应的成本来选择适当的运输设备。供选择的运输设备主要有铁路冷藏车、冷藏汽车、冷藏船、冷藏集装箱等。温度波动是引起产品在冷藏运输过程中品质下降的主要原因，因此，运输工具要具有良好的制冷、隔热性能，且要尽量保持平稳行驶，避免对产品造成机械损伤。

1. 冷藏集装箱

　　冷藏集装箱（refrigerated container）是专为冷藏运输设计的具有冷冻设备且在内壁敷设隔热材料的集装箱。该设备隔热性、气密性好，适用于各类果蔬、花卉以及其他易腐动植物产品的运输。有保温集装箱、外置式冷藏集装箱、内藏式冷藏集装箱、液氮和干冰冷藏集装箱、冷冻板冷藏集装箱和气调冷藏集装箱几种类型。

　　保温集装箱的隔热性能很强，但不具有任何制冷装置。外置式冷藏集装箱隔热性能很强，不具有任何制冷装置，但是在集装箱的一端有软管连接器，可与带有制冷装置的船或是陆地供冷站的制冷装置连接，从而达到制冷降温的目的，一般情况下可以保持箱内贮藏温度为－25℃，但是它只能由专门制冷装置的船舶装运且不能对箱内温度进行单独控制。内藏式冷藏集装箱具有制冷装置，冷气由箱的一端向另一端流动，为了增强制冷效果，对于较长的箱体可采用两端同时输送冷气，采用下送上回的冷风循环方式保证箱内温度。液氮和干冰冷藏集装箱利用干冰或液氮进行制冷。冷冻板冷藏集装箱利用冷冻板低温共晶液贮冷剂供冷。气调冷藏集装箱通过用惰性气体或 CO_2 调节氧气含量，使产品在冷冻运输过程中呼吸作用受到抑制，从而保持产品品质。

　　隔热性能是冷藏集装箱最主要的特性，常用作冷藏集装箱的隔热材料为聚氨基甲酸酯泡沫。目前，国际上对集装箱的尺寸和相关性能标准化的规定有三类：$20×8×8$(ft)，$20×8×8.6$(ft)，$40×8×8.6$(ft)（长×宽×高，1ft＝0.3048m）。集装箱工作状态下的温度范围为－30℃（运送冻结产品时使用）到12℃（运送香蕉等果蔬时使用），更通用的范围为－30～20℃。在我国，目前主要生产以下两种尺寸的集装箱：6058mm×2438mm×2591mm 和 12192mm×2438mm×2896mm。

　　冷藏集装箱又可以根据运输方式分为海运和陆运两种。海运冷藏集装箱专门用于船舶运输冷冻、冷藏产品，其外形尺寸和陆运冷藏集装箱差别不大。但对于船舶冷藏集装箱来说，由于船舶可对其进行供电，因此不需要制冷装置，相比于陆运冷藏集装箱来说它的结构简单、体积小、造价低。国际上通过采用插入式发电机组实现对陆运冷藏集装箱的结构进行简化，同时简化了陆运转海运的中间过程。

使用冷藏集装箱运输的优点是：更换运输工具时，不需要重新装箱，不但节省了劳动力，也避免了外界环境对箱内温度的影响以及搬运过程对产品造成的机械损伤。箱内温度可以在一定的范围内调节，箱体上还设有换气孔，因此可以适应各种易腐产品的冷冻运输要求，而且温差可以控制在上下1℃之内，可避免温度波动对产品质量的影响。集装箱装卸速度快，使整个运输时间明显缩短，降低了运输费用。

2. 铁路、公路冷藏车运输技术

（1）铁路冷藏车 铁路冷藏车在果蔬花卉运输过程中发挥着重要的作用，其运输速度快且可以保证很大的运输量，是我国果蔬花卉等产品冷藏运输的主要方式。铁路冷藏车有以下类型：加冰冷藏车、机械冷藏车、冷冻板式冷藏车、无冷源保温车、液氮和干冰冷藏车。

加冰冷藏车的车顶有6～7个马鞍形的贮冰箱，用于放置冰或冰盐，利用其溶解降低车厢内温度。冰的熔点为0℃，其融化可使车厢内温度维持在0～5℃，在冰上放置盐（氯化钠）时，冰上的盐吸水变成盐溶液，盐溶液会使冰的熔点降低，经实验证明，其熔点最低可降至-21.2℃，可以为运输的产品提供低温贮藏环境。加冰铁路冷藏车结构简单，造价低，冷源价廉易购，但车内温度波动大，温度调节困难，使用局限性较大，行车过程中要加冰加盐，会对运输速度造成影响，且融化排放的盐水会对沿途建筑以及钢轨、桥梁造成腐蚀，近年已经逐步被机械冷藏车取代。

机械冷藏车的冷源是机械式制冷装置，是目前铁路冷藏运输中最常使用的工具之一。该车制冷速度快，温度调节范围大，车内温度分布均匀，运输速度快，且适应性强，能实现制冷、加热、通风换气以及融霜的自动化。新型的机械冷藏车还设有温度自动检测、记录和安全报警装置。该车在工作时能将未预冷的果蔬花卉从常温逐渐降至4～6℃；在0～6℃下运输冷却产品；在-12～-6℃下运输冻结产品。

冷冻板式冷藏车车体隔热性能高且具有冷冻板装置，通过冷冻板中的低温共晶溶液制冷保证运输过程中的低温环境。低温共晶溶液通过反复的充冷结冻和溶解吸热进行降温。冷冻板一般安装在车体的顶部或墙壁。充冷时可以地面充冷，也可通过自带的制冷机充冷。

无冷源保温车隔热性和气密性良好，可以在一定时间内保证产品的低温环境不受外界环境的影响。

液氮和干冰冷藏车的车内有液氮或干冰喷洒设备，在运输过程中通过将温度很低的液氮或者干冰喷洒在产品表面来降低环境温度。

（2）公路冷藏车　随着我国高速公路的全面覆盖，公路冷藏车在冷藏运输中发挥着越来越重要的作用。该运输方式使用灵活，建造投资少，进行操作管理和调度使用方便，可以实现果蔬花卉短时间内的长距离输送。公路冷藏车有时也作为铁路冷藏车和水路冷藏船中途的转运车辆。

冷藏车可以分为冷藏汽车和保温汽车两大类。保温汽车是指具有隔热车厢，适用于短途保温冷藏运输的产品或是对冷藏温度要求较高的果蔬花卉品种；冷藏汽车不仅有隔热车厢而且带有制冷设施，可以在产品运输过程中对其冷藏温度进行调节。

冷藏汽车有以下几种类型：机械冷藏汽车、冷冻板冷藏汽车、液氮冷藏汽车、干冰冷藏汽车和冰冷冷藏汽车。不同类型的冷藏汽车上制冷装置的制冷方式不同。其中最主要的类型是机械冷藏汽车。

机械冷藏汽车上配置有蒸汽压缩式冷藏机组，采用直接吹风进行降温，车内温度可自动控制，适合短、中、长途或特殊冷藏货物的运输。

冷冻板冷藏汽车与铁路冷冻板冷藏车一样，也是利用冷冻板中充注的低温共晶溶液融化和冻结实现降温的。通常冷冻板冷藏汽车的冷藏温度分为5℃、−5℃和−18℃三个等级，分别适用于保鲜、冷藏和冻结产品的运输。与机械冷藏汽车相比，其结构简单，使用维修方便，但是冷冻板的重量很大，温度调节比较困难，其应用范围不及机械冷藏汽车。

液氮冷藏汽车主要由汽车底盘、隔热车厢和液氮制冷装置构成。液氮冷藏汽车和液氮冷藏火车的制冷原理一样，都是利用液氮气化吸热的原理实现制冷，以保证产品所需的低温运输环境。

目前，国内所生产的冷藏、保温汽车厢体组成结构大体上有以下四种：整体式结构、分板块注入发泡结构、"三明治"结构和全封闭聚氨酯板块结构。

3. 水路冷藏运输技术

水路冷藏主要承担果蔬花卉产品进出口的贮藏运输，冷冻运输船上的集装箱有严格的热保温要求，温度波动不能超过±5℃。冷藏运输船有四种基本类型。

专业冷藏运输舱是主要用于城市之间或城市所属区域范围冷藏运输易腐产品。用于渔船船队，收集和贮运渔获物的冷藏船及渔品加工母船亦属此类。

商业冷藏舱是一般货船上设置的冷藏货舱。该船的通用性强，其冷藏货舱主要用于运输冷藏货，但也可以用于装运非冷藏货。

冷藏集装箱运输船，这类运输船上面有专门的制冷装置与送、回风设备，可为外置式冷藏集装箱供冷。

特殊货物冷藏运输船，典型的货物冷藏运输船有液化天然气运输船、化学品或危险品运输船等。

水路冷藏运输的特点是，具有冷藏舱船体结构且冷藏舱隔热性能良好，具有气密性，在使用前必须经过隔热性能实验对其进行鉴定，以确定其满足平均传热系数不超过规定值的要求。其传热系数一般为 $0.4 \sim 0.7W/(m^2 \cdot K)$。其制冷性能良好，具有运行可靠的制冷装置与设备，可以满足在各种条件下为产品的冷却或冷冻提供制冷量。

水路冷藏运输船舶冷藏舱结构上应适应货物装卸及堆码要求，设有舱高 $2.0 \sim 2.5m$ 的冷舱 $2 \sim 3$ 层，并在保证气密性或启、关灵活的条件下，选择大舱口及舱口盖。

水路冷藏设备的制冷系统要能实现良好的自动控制，保证制冷装置的正常工作，为冷藏产品提供一定的温度、湿度和通风换气条件。水路冷藏设备的制冷系统及其自动控制器、阀件技术等（如性能稳定性、使用可靠性、运行安全性及工作抗震性和抗倾斜性等）比陆用要求更高。

4. 航空冷藏运输技术

航空冷藏运输是现代冷链物流的组成部分，是市场贸易国际化的产物。航空运输是所有运输方式中速度最快的一种，但是运送量小，造价高，往往只用于急需物品，珍贵的果蔬花卉适宜采用此方式运输。

三、冷链运输标准

运输冷藏车的试验标准要求其在工作中车厢内温度不高于 $-20℃$。如果按照冷藏库提供的冷藏温度为标准，运输温度应该在 $-30 \sim -25℃$ 之间。

在生产生活中最常使用的标准是 ISO 20421—2006，根据该标准与容器的机械性质数据可以得到容器 K 值及容器空气泄漏速率之类的热特性。空气泄漏速率水平用于修正 K 值。这一标准是许多认证和检验注册的基础。

ATP 是一个由多个国家共同签署的国际协定，该协定规范了易腐产品在国际间运输以及在运输过程中使用的专用设备。目前已经签署该协定的欧洲国家有：阿尔巴尼亚、奥地利、白俄罗斯、比利时、波斯尼亚和黑塞哥维那、保加利亚、克罗地亚、捷克、丹麦、爱沙尼亚、芬兰、法国、德国、希腊、匈牙利、爱尔兰、意大利、拉脱维亚、立陶宛、卢森堡、摩纳哥、荷兰、挪威、波兰、葡萄牙、罗马尼亚、俄罗斯、斯洛伐克、斯洛文尼亚、西班牙、瑞典、马其顿、英国等。以下非欧洲国家也已经签署 ATP：阿塞拜疆、格鲁吉亚、哈萨克斯坦、摩洛哥、突尼斯、美国、摩尔多瓦和乌兹别克斯坦。

该协定的条款在每年的日内瓦国际会议上由各国参会人员根据实际生产进行相应的讨论修改，其文本存于纽约联合国总部。ATP 协定不仅对于上述国家有强制性，而且也是许多其他国家建立管理条例的参考基础，它正在成为一个全球化的标准。ATP 协定描述了 K 值的稳定态测量和制冷单元制冷功率测量的方法，也给出了一些维护旧冷藏车的规程。

1992 年欧共体批准了两个新的指南，这两个指南的完整名称为：

1992 年 1 月 13 日欧洲共同市场委员会指令 92/1/EEC（OJ L34，p28，11/2/1992），关于食用速冻食品的运输手段、仓库和贮存温度的监控。

1992 年 1 月 13 日欧洲共同市场委员会指令 92/2/ EEC（OJ L34，p30，11/2/1992），食用速冻食品采样方法及食用速冻食品官方温度控制的欧共体分析方法。

欧共体指南的侧重内容与 ATP 协定侧重内容不同：ATP 协定强调运输过程中使用的工具的相关特性，而欧共体的指南只关注产品在运输过程中的温度控制及所用的测量系统。这两个指南的主要部分被引入了 ATP 文件，自此 ATP 文件进一步得到完善。

参考文献

[1] 袁仲 . 速冻食品加工技术［M］. 北京：中国轻工业出版社，2015.

[2] 隋继学 . 速冻食品加工技术［M］. 北京：中国农业大学出版社，2008.

[3] 隋继学，张娟，李昌文 . 食品冷藏与速冻技术［M］. 北京：化学工业出版社，
2007.

[4] 华泽钊，李云飞，刘宝林 . 食品冷冻冷藏原理与设备［M］. 北京：机械工业出版
社，1999.

[5] 沈月新 . 食品冷冻冷藏新工艺［C］. 中国食品冷藏链新设备、新技术论坛，2023.

[6] 刘宝林 . 食品冷冻冷藏学［M］. 北京：中国农业出版社，2010.

[7] 吕金虎 . 食品冷冻冷藏技术与设备［M］. 广州：华南理工大学出版社，2011.

[8] 关志强 . 食品冷冻冷藏原理与技术［M］. 北京：化学工业出版社，2010.

[9] 李勇 . 现代食品加工新技术丛书：食品冷冻加工技术［M］. 北京：化学工业出版
社，2005.

[10] 陈凌 . 食品生物化学［M］. 北京：化学工业出版社，2020.

[11] 刘志伟，张晨，余若黔，等 . 食品低温干燥新技术［J］. 现代化工，2000，20
（8）：62-63.

[12] 吴翔，赵凤仙，谢俨 . 速冻黄瓜、藕的烫漂处理［J］. 冷饮与速冻食品工业，
2004，10（4）：7-16.

[13] 段晓萌 . ISO 22000 食品安全管理体系在冷冻蔬菜生产中的建立与应用研究［D］.
唐山：河北联合大学，2012.

[14] 张德权，徐毓谦，宁静红，等 . 二氧化碳制冷技术在农产品冷链物流保鲜中的应
用研究进展［J］. 农业工程学报，2023，39（6）：12-22.

[15] Cavallini A，Cecchinato L，Corradi M，et al. Two-stage transcritical carbon diox-
ide cycle optimisation：A theoretical and experimental analysis［J］. International
Journal of Refrigeration，2005，28（8）：1274-1283.

[16] Clodic D，Pan X. Energy balance，temperature dispersion in an innovative medium
temperature open type display case［C］. Proceedings of the IIF-IIR Meeting 'New
Technologies in Commercial Refrigeration，2002：191-199.

[17] Cortella G. CFD-aided retail cabinets design［J］. Computers and Electronics in Agri-
culture，2002，34（1）：43-66.

[18] D'Agaro P，Croce G，Cortella G. Numerical simulation of glass doors fogging and

defogging in refrigerated display cabinets [J]. Applied Thermal Engineering, 2006, 26 (16): 1927-1934.

[19] Fartaj A, Ting D S K, Yang W W. Second law analysis of the transcritical CO_2 refrigeration cycle [J]. Energy Conversion and Management, 2004, 45 (13): 2269-2281.

[20] Field B S, Loth E. Entrainment of refrigerated air curtains down a wall [J]. Experimental Thermal and Fluid Science, 2006, 30 (3): 175-184.

[21] Axell M, Lindberg U. Field measurements in supermarkets [C]. Proceedings of the IIF-IIR Meeting 'Commercial Refrigeration', 2005: 48.